WHAT IS LIFE

生命是什么

——物理学家对生命的理解和思考

〔奥〕埃尔温·薛定谔⊙著

景　杰⊙译

天津出版传媒集团

天津人民出版社

图书在版编目（CIP）数据

生命是什么：物理学家对生命的理解和思考 /（奥）
埃尔温·薛定谔著；景杰译 . -- 天津：天津人民出版
社，2020.9
ISBN 978-7-201-16318-5

Ⅰ.①生… Ⅱ.①埃… ②景… Ⅲ.①生命科学—研
究 Ⅳ.① Q1-0

中国版本图书馆 CIP 数据核字 (2020) 第 137304 号

生命是什么：物理学家对生命的理解和思考
SHENGMING SHI SHENME:WULIXUEJIA DUI SHENGMING DE LIJIE HE SIKAO

出　　版	天津人民出版社
出 版 人	刘　庆
地　　址	天津市和平区西康路 35 号康岳大厦
邮政编码	300051
邮购电话	（022）23332469
网　　址	http://www.tjrmcbs.com
电子邮箱	reader@tjrmcbs.com

责任编辑	李　荣
装帧设计	同人阅文化传媒

制版印刷	香河利华文化发展有限公司
经　　销	新华书店
开　　本	787 毫米 ×1092 毫米　1/16
印　　张	13
字　　数	149 千字
版次印次	2020年9月第1版　2020年9月第1次印刷
定　　价	39.00 元

目　录

第一卷　生命是什么？

第二卷　意识与物质

第一卷 生命是什么?

——活体细胞的物理学观点

献给我的父母亲

序　言

人们总是认为，科学家应该拥有某个学科领域完备的第一手知识，所以，在不精通的领域，他们一般不会写任何东西，这也被认为是一种"高贵的责任"。但为了写这本书，我请求放弃这种"高贵"，并免除它所附带的责任。我的理由如下所述：

对一致性、全面性知识的热切渴望，是我们从祖先那里继承的优良品质。英语里面，大学（University）就是"全面"的意思，从古至今数个世纪以来，只有"全面"才是我们追求的永恒价值。然而，知识的分支如此之多，在最近百余年间，各领域知识在传播的深度和广度上，使我们面临一个奇怪的困境：

我们清楚地感受到，一方面我们正在开始获取可靠的信息和材料，尝试把已有的知识综合贯通起来成为一个有机整体；而另一方面，单凭个人的力量，想要精通两个以上的领域几乎是不可能的事情。

我不知道有什么办法可以解决这个难题，除非我们当中有人敢于大胆地尝试总结那些事实和理论。为了这个目标，就算让自己出洋相，就算用了第二手或是不完备的知识，也是值得的。

我要解释的就这么多。

语言的困难也是不可回避的。一个人的母语就像是他贴身穿的衣服，可是当这样的衣服暂时没有，不得不找另外一件衣服来替代的话，他会感到不舒服的。我要感谢因克斯特博士（都柏林圣三一学院）、巴德赖格·布朗博士（圣帕特里克学院），还有S.C.罗伯茨先生。几位朋友竭尽全力地帮助我，使得这件新衣服适合我的身材，并且由于我执意不放弃自己的风格，也给他们带来了不少额外的麻烦。如果我的这些独创风格偏离了正确的意向，那么这也是我的责任而不是他们的过错。

书中每一部分的标题原本是写在页边的摘要，所以每一章的正文部分连起来是一个连贯的整体。

都柏林

1944年9月

一个自由的人很少考虑死亡，他的智慧，关注的是生而非死。

——斯宾诺莎《伦理学》第四部分，命题67

第一章　经典物理学家的研究方法

我思故我在。

——笛卡尔

1. 研究的一般性质和目的

这本小书是由一位理论物理学家对大约四百名听众所做的一系列公开讲座整理而成，即便没有采用物理学家最厉害的武器——数学推导，这也绝非一个简单通俗的讲座。演讲者一开始就向听众说明，主题比较深奥，但听众人数并没有大幅减少。不用数学推理，并不是说这个问题简单；相反，这个问题过于复杂，无法用数学语言来解释。另一个吸引听众的原因是，演讲者同时向物理学家和生物学家阐明了最根本的概念，一个介于物理学和生物学之间的概念。

实际上，尽管本书的话题包含甚广，但作者的主要目标只是把最大最重要的问题阐释清楚，提出自己的想法。为了使目标更加明确，有必要事先简要作一下概述。

这个经常提到的最大最重要的问题是：这些发生在生物体内、随着时间空间变化的事件能否用物理学和化学知识来解释？

这本小书争取给出一个初步答案：尽管目前的物理学和化学尚无法解释这些事件，但将来一定可以，这一点不容置疑。

2. 统计物理学方法——结构上最根本的差异

如果刚才的陈述仅仅是为了激起未来解决问题的希望，未免有些小题大做。但如果强调的是当代学术领域的局限，意义就大不一样了。

如今，基于生物学家，特别是基因学家的创造性工作，在过去的三四十年间，我们已经充分了解生物体的物质结构以及它们的功能，可以明确地说，当今的物理学和化学确实无法解释那些发生在生物体内，随着时间和空间不断变化的活动。

在生物体最重要的部分，原子的排列及其相互作用方式，和当今物理学家、化学家用来做理论和实验研究的原子排列是有根本区别的。然而这种区别很容易就会被忽视，除非他们非常了解，物理学和化学的定律都是基于统计学。[1]因为从统计学的观点来看，无论他们是在实验室中亲手操作，还是在书桌前苦思冥想，在生物体中，最重要部分的结构与物理学家或化学家接触过的截然不同。所以，想把这些已发现的定律直接应用到生物系统的行为上去是几乎不可能的。

我刚才使用的这些术语非常抽象，所以除了物理学家，我们不奢望其他人能够理解这些术语在"统计学结构"上的区别，更别说去

---

[1] 这一论点似乎有些简略，后文有详细讨论。——原注

辨别了。为了接下来的论述不那么枯燥，在这里我先把后面会详细解释的内容概述一下，也就是一个生物细胞内最核心的部分——染色体纤维，或者也可称为非周期性晶体。物理学中，我们迄今只接触过周期性晶体。在一个普通物理学家看来，周期性晶体已经是非常有趣和难懂了，因为它们参与构成了非生物界最迷人和复杂的物质结构。然而，如果和非周期性晶体相比，它们却显得相当简单和枯燥。我打个比方，它们之间的区别就像一张普通墙纸中简单重复的图案和一幅精美的刺绣杰作，比如拉斐尔挂毯，绝不是无聊的重复，而是精巧、连贯而有意义的伟大设计。

在物理学家眼中，周期性晶体是他们研究中最复杂的对象之一，而有机化学家，在研究日益复杂的分子过程中，已经和非周期性晶体（我认为这就是生命的载体）十分接近了，所以这也不足为奇，有机化学家在生命问题上建树颇丰，而物理学家仍难以有所突破。

3. 朴素物理学家的研究方法

在简要介绍了我们研究的总体思路，或者说根本观点之后，下面让我来详细阐述。

我首先展开说明什么是"一个朴素物理学家关于生物体的观点"。在学习了物理学，特别是统计学基础之后，他开始考虑什么是生物体，它们如何表现，如何运作，他扪心自问，从他学过的知识，从他相对简单、清晰以及朴素的科学当中，是否可以对这个问题做出任何解释。

他考虑的结果是，可以。下一步，他把理论预见和生物学事实加以比较，虽然总体上他的观点看起来非常合理，但仍旧需要相当多的修正。用这种方法我们会一步一步接近真理，谦虚一点说，我所认为正确的观点。

即使我的研究方法应该是对的，但我也不敢肯定这是否是最佳和最简单的，但不管怎样，这是我的方法。这个"朴素的物理学家"就是我自己，除了我自己这种粗陋的方式，我目前还没有找到任何更好更清楚的研究方法。

4. 原子为什么这样小？

要想阐明"这个朴素物理学家的观点"，可以从一个奇怪甚至可笑的问题开始：原子为什么这样小？首先，它们确实很小。生活中每一块微小的物质都包含有数目惊人的原子。有很多例子都用来向听众传达这个观点，最有名的一个例子是由开尔文勋爵[1]提出的：假设你可以给一杯水中的所有分子都做上标记，然后把这杯水倒入海洋，同时搅拌使它们均匀分布在世界上的海洋中，然后你再从海里任意一处舀起一杯水，你的杯子里仍然有大约100个做过标记的分子。

原子的实际大小[2]大约是黄光波长的1/5000到1/2000。这个数据

[1] 原名威廉·汤姆逊（William Thomson），后来因为他在科学上的成就和对大西洋电缆工程的贡献，获英女皇授予开尔文勋爵衔，所以后世才改称他为开尔文。汤姆逊的研究范围相当广泛，他在数学物理、热力学、电磁学、弹性力学、以太理论和地球科学等方面都有重大的贡献。

[2] 根据现代研究的观点，原子之间没有严格的边界，所以原子的"大小"并不是一个严谨的概念，但我们可以用两个原子中心在固体或液体中的距离来定义或者替换它的"大小"这一说法。（在正常气压和温度下，两个原子中心在气体中的距离要大十倍之多）——原注

非常重要，因为黄光波长正好是显微镜下能辨认出的最小微粒，而这个微粒里还包含着数十亿个原子。

好，现在的问题是，原子为什么这样小？

显然这是个伪命题。因为我们关注的并不是原子的大小，而是生物体的大小，特别是我们自己身体的大小。原子确实很小，尤其和我们日常的长度单位来比较的话，比如码（1码约为0.9144米）或者米。所以在原子物理学中，我们习惯于用"埃"这个单位（英文缩写Å），它是米的百亿分之一，如果以十进位小数计算则是0.0000000001米。

原子的直径大约是1~2埃，真小啊。我们日常的长度单位与我们身体的大小是紧密相关的。"码"来源于一个英国国王的幽默故事，有一天他的议员问他，应该采用什么长度单位——他抬起一只手臂，说道："就把我的胸口到我指尖的距离作为度量单位吧。"不管是真是假，这个故事很能说明问题。这个国王很自然地用他自己的身体确立了长度单位，因为他知道用其他东西都会很不方便。尽管物理学家对"埃"这个单位情有独钟，但他宁愿别人告诉他，他的新衣服需要六码半的呢料——而非650亿埃！

由此可见，这一问题的根本在于我们身体大小和原子大小之比。鉴于原子无可争辩的独立特性，这个问题实际演变成：既然原子这么小，我们的身体为什么这样大？

我可以想象，很多好学的物理系和化学系的学生会对下面这个事实感到遗憾。我们身体大大小小的感觉器官是由无数个原子所构成的，而这些感觉器官简直太过迟钝，根本感受不到单个原子的作用。我们既看不见听不见，也感觉不到单个原子的存在。所以，我们关于原子的假说和我们迟钝的感觉器官所发现的很不一样，也无法直接检验观察。

一定是这样吗？有没有什么内在的原因？我们能否追溯到某种基本定律，以此确认和理解为何没有其他任何东西与自然界的特定规律相符？

对上面的疑问，物理学家如今终于能够解释清楚了。他们的答案是肯定的。

5. 生物体的活动需要精确的物理定律

如果生物体的感觉器官十分灵敏，而不是那么迟钝，那么我们的感觉器官就很容易察觉出单个或几个原子的运动了——天哪，如果真的是那样，生命将会是什么样子？我先声明一点：毫无疑问，那样的生物体绝不会发展出有序思维，而这种有序思维需要历经漫长的时间才能最终形成原子的观念以及其他很多观念。

虽然我们只是列举了感觉器官，其实以下的讨论对于大脑和感觉器官以外的诸多器官的活动也是可以适用的。然而，我们对于自己的身体唯一感兴趣的事是：感觉、思维和知觉是如何在我们身上发生作用的？在思维和知觉的生理学过程中，大脑和感觉系统起主要作用，其他器官只不过起辅助作用罢了。也许从纯粹客观的生物学视角来看不是这样，但至少从我们人类的观点来看确实是这样的。此外，这种认识有利于我们选择一种人类能够主观感知的过程进行研究，即使我们对这一过程的本质知之甚少。实际上，就我个人来看，这已经超出了自然科学和人类认知的范围。

我们接下来面临的问题是：像大脑这样拥有感觉系统的器官，为什么包含那么多原子使得它的物理变化和高度发达的思维紧密相连？大脑这样一个敏感精密的机器，也可直接和环境相互作用，为什么不对单个原子的影响做出任何反应呢？

我想有两个理由可以解释：第一，被我们津津乐道的思维本身就是一个有秩序的体系；第二，思维必须有认知、经验或其他东西作为载体，而这些载体本身就是有一定秩序性的。于是产生了两个结果：首先，一个和思维紧密相连的身体器官（比如我的大脑和我的思维）一定是一个有秩序的组织，这就意味着里面发生的所有事件必须符合严格的物理定律，至少也要八九不离十。其次，外界的其他事物对这个有序的系统产生的物理学影响显然会与它自己的认知和经验相关，也就是与思维相关，所以，我们和他人的系统之间的相互作用本身必须具备一定程度的物理秩序，也就是说，这些互动都必须符合严格的物理定律，误差不会很大。

6. 物理定律是基于原子统计学的，所以只是近似结果

那为什么这些事件不会发生在一个原子数量较少的生物体内呢（即便它足够敏感，可以感知一个或几个原子的活动）？

因为我们知道，所有的原子每时每刻都在进行无序的热运动，可以说，这是与它们的有序行为相悖的，所以就算有少量原子根据某种规律进行了有序运动，也无法显现出来。只有很大数量的原子通力合作，才能体现出统计学规律，而随着参与运动的原子数量增加，这种规律的准确性也随之增加。正因为如此，我们看到的事件就具有了有

序的特性。生物体内所有已知的物理和化学定律都具有统计学特征，而人类能想到的其他形式的秩序和规律都因为原子不停的热运动而失去作用。

7. 原子量与精确性成正比的第一个例子（顺磁性）

让我试着通过几个例子来阐明这个道理吧，以下是从数千个例子中任意挑选出来的，也许对初学者来说并不是最好的例子。初学者首先要明白"物体的状态"这个概念，这是现代物理和化学中最基本的概念，就像生物学中的生物是由细胞组成，天文学中的牛顿定律，以及数学中的整数是1、2、3、4、5，等等。我并不期待一个初学者能从接下来几页中充分理解这门学科，这个与路德维希·玻耳兹曼[1]和威拉德·吉布斯[2]等光辉名字联系在一起的学科，在教科书中称之为"统计热力学"。

如果在一个椭圆形的石英管里注入氧气，并且把它放进磁场，你就会发现气体被磁化了[3]。这是因为氧气分子就是小磁体，所以会倾向于平行于磁场，像指南针一样。但你不可以认为所有的氧气分子都变得平行于磁场了，因为如果你把场强加倍，氧气的磁化强度也随之

---

[1] 路德维希·玻尔兹曼（Ludwig Edward Boltzmann，简称：玻尔兹曼，1844年2月20日—1906年9月5日），出生于奥地利的维也纳，1866年获得维也纳大学博士学位，物理学家、哲学家、热力学和统计物理学的奠基人之一。

[2] 约西亚·威拉德·吉布斯（Josiah Willard Gibbs，1839年2月11日—1903年4月28日），美国物理化学家、数学物理学家。他奠定了化学热力学的基础，提出了吉布斯自由能与吉布斯相律。他创立了向量分析并将其引入数学物理之中。

[3] 选择气体进行实验，是因为它比固体或气体相对简单，事实上气体的磁化强度极其微弱，但这并不影响实验结果。——原注

加倍。氧气的磁化强度随着场强成正比例变化。

这是一个特别典型的单纯统计学定律的例子。磁场的方向持续受到原子热运动的抵消，因为热运动是没有固定方向的。这种相互斗争的结果，使得磁偶极子轴（氧分子小磁体的南北极轴）同方向间的夹角是锐角的概率略微超过是钝角的情况。尽管正如前文所说，单个原子总是无休止地改变方向，然而由于它们数量巨大，所以从大体上来看，它们会产生沿磁场方向排列的趋势，同时这种趋势与场强成正比。这种突破性的解释是由法国物理学家保罗·朗之万[1]做出的。可以由以下方式检验。如果我们观察到的这种弱磁化现象真的是上述两种运动中和的结果，（也就是说，磁场的目的是让所有分子都按它的方向排列，而热运动则是随机取向）那么想要通过削弱热运动来增强磁化强度就是可能的。换言之，通过降低温度，而不是加强磁场，我们便可以增强磁化强度。

磁场方向→

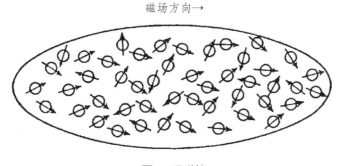

图1　顺磁性

[1] 保罗·朗之万（Paul Langevin，1872年1月23日—1946年12月19日），法国物理学家，主要贡献有朗之万动力学及朗之万方程。朗之万以对次级X射线、气体中离子的性质、气体分子动理论、磁性理论以及相对论方面的工作著称，特别以对顺磁性及抗磁性的研究而闻名，他提出用现代的原子中的电子电荷去解释这些现象。

　　此规律已由实验证实：物体的磁化强度与绝对温度成反比，与"居里定律[1]"定量相符。现代的实验设备可以通过降低温度，把热运动降低到我们难以想象的地步，从而可以使我们更加直观地观察磁场的取向特征。实验证明，即便不是全部，至少也有很大一部分"完全磁化"。但在这种情况下，即使我们把场强加倍，磁化强度也不会随之加倍，而是增加的量越来越少，越来越接近于"饱和"。这种预期也在实验中被定量证实了。

　　不过，我们不能忽视的一点是，以上实验结果受分子数量的影响，如果分子数量不够多，那么磁化现象就是不稳定的，变为无休止的不规则波动。当然这就是热运动与磁场之间相互作用制衡的有力明证。

8. 第二个例子（布朗运动，扩散）

　　如果把微小水珠组成的雾气装进一个密封的玻璃容器内，你会发现雾气的上边缘在逐步下沉，下沉的速度与空气的黏度和水珠的大小、密度相关。当你在显微镜下面观察其中一个小水珠时，却是另外一番景象：它不是按照相对恒定的速度下沉，而是在做不规则运动，也就是我们所说的布朗运动，所以这种下沉只有整体上可以看成是规律运动。

　　如今这些水滴不是原子，但是它们又小巧又轻盈，可以直观地感

---

[1] 也称"居里顺磁定律"，1895年法国物理学家 P. 居里证实顺磁介质的磁化应该是外磁场和温度的函数。实验证明，对于顺磁质，当 H 不是太强且温度 T 不是过低时，其磁化强度正比于外加磁场 B，而反比于温度，$M=C*B/T$。

受到单个分子冲击它们的表面。于是，它们就这样被撞来撞去，忽上忽下，忽左忽右，所以只有从整体来看，这些雾气才有受重力影响的下沉趋势。

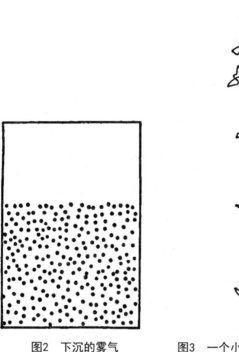

图2　下沉的雾气　　　　图3　一个小水滴的布朗运动轨迹

　　如果我们的感官灵敏到可以感受到少数几个分子的影响，我们的生活将是多么滑稽和混乱！这个例子就是个很好的证明。有一些细菌和其他微生物非常小，它们就会受到这个现象的强烈影响。它们的运动受制于周围环境的分子热运动，自身却没有选择。如果它们自己有动力的话，想要可以从一处移动到另一处也是非常困难的，因为处于热运动的惊涛骇浪中，它们就像一叶扁舟，只能随波逐流。

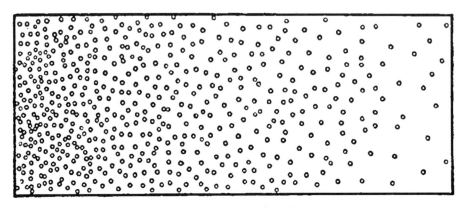

图4 物质从左到右的扩散（溶液中浓度不均）

与布朗运动类似的另一个现象是扩散运动。想象在一个容器中装满液体，比如水，再溶入少量有色物质，比如高锰酸钾，并使得容器内的浓度不同，如图4，小圆圈代表溶质（高锰酸钾分子），从左至右浓度逐渐降低。这个时候，如果静止放置足够长的时间，容器中就开始了缓慢的"扩散"现象。高锰酸钾将从左向右散布过去，从高浓度向低浓度散布，直到均匀地分布在容器中。

值得注意的是，这个相当简单也没什么意思的过程，并不是因为某种趋势或是力量导致高锰酸钾分子从浓度高的地方运动到浓度低的地方，就像国家的人口通常会从稠密区域向稀疏区域转移一样。

然而高锰酸钾分子的运动并不是这样。每个高锰酸钾分子都是独立运动，很少接触，但不管是在浓度高还是浓度低的地方，它们都被水分子不停地撞击，向着不确定的方向移动——有时候向着浓度高的地方，有时候向着浓度低的地方，有时候又是斜着，就像一个蒙住眼睛的人，很想向前走，但是没有任何确定的方向，不停地变换着路线。

高锰酸钾分子的这种随机运动，能够产生一种向着低浓度方向的趋势，并且最后获得均匀的分布。一开始看来似乎有点儿复杂，其实不然，如果你观察图4，它表示的是浓度的近似切面。由于高锰酸钾分子的随机运动，在某一时刻它们往左或往右的可能性是一样的。但恰恰因此，这个平面里的分子受到左边分子的撞击多于右边，仅仅因为在左边比右边有更多的分子参与随机运动。然后，整体上会表现出一种从左至右的流动，直至均匀分布。

当被翻译成数学语言时，偏微分方程可以精确地反映扩散定律。

$$\frac{\partial \rho}{\partial t} = D\nabla^2 \rho$$

尽管并不复杂，但我不想麻烦读者再听我来解释了。之所以在这里提到严格的"数学定律"，是为了强调在每种具体的情况时，物理上的精确性是不一定能保证的。由于以纯概率论为理论基础，它的精确性只是近似的。通常来说，就算这是个非常好的近似结果，那也是因为参与的分子量足够多，可以相互合作来产生这个现象。所以可以想象，分子量越小，偶然性就会越大，这一点在合适的实验环境中是可以观察到的。

9. 第三个例子（测量准确性的极限）

我们将要给出的第三个例子与第二个比较相似，但有它特殊的意义。设想一个悬挂在纤细的绳子上保持平衡的轻小物体，物理学家经常用它来测量使它偏离平衡位置的微弱的力，比如电力、磁力或者重力等。（当然，这种轻巧物体必须根据具体的目标而适当选择。）"扭力天平"是一个非常普通和常见的实验装置，物理学家们不断努力去提高它的精确性，却遇到了一个奇怪而有趣的瓶颈。为了制造更准确的天平，我们选择越来越轻的物体，越来越细的绳子，让它可以感应到越来越弱的力。然而，当悬挂的物体轻到可以感应周围分子热运动带来的影响，开始不停地在平衡位置附近"跳舞"，就像第二个例子中的小水滴一样时，极限产生了。

　　尽管这种现象对天平测量值的准确性没有绝对设限，在实际操作中却不得不多加留意。因为热运动的不可控力和需要测量的力相互竞争，使得单次实验的观察结果不够精确，所以我们必须要重复实验，目的是消除布朗运动对实验仪器的影响。这个例子，在我看来，在目前的研究中是最具有启发性的，毕竟我们的感觉器官也相当于一种仪器。由此可以看出，如果它们变得太敏感的话，其实就会变得毫无用处。

10. $\sqrt{n}$ 定律

　　例子就先说到这里吧。我想补充一点，同生物体内部有关的或者生物体与环境相互作用有关的物理学、化学定律，都是可以作为例子在这里解释的。可能这些其他例子的解释也许更为复杂，但是关键部分都是大同小异，再详细描述就会变得索然无味了。

　　但我想要补充一个非常重要的定量规律，它与任何物理定律中的误差量有关。我首先举一个简单的例子，然后再总结一般规律。

　　如果我告诉你某种气体在某种压力和温度之下的密度，或者说，在这种状况下某空间里（与一些具体实验相关）有N个气体分子，那你几乎可以肯定，在某一特定时间内，我的陈述是不准确的，误差率

就符合 $\sqrt{n}$ 定律。

所以，如果n=100，偏差大约是10个左右，误差率是10%。但如果n=100万，偏差大约是1000，那误差率为1/10%。一般来说，这个统计学定律是普遍成立的。物理学和物理化学的定律都存在一定的相对误差，误差率遵循定律$1/\sqrt{n}$。这里的n是指在理论和实验的研究中，为了在一定的时间空间范围内使该定律生效而必须考虑的参与分子的数目。

从这里你可以再一次看出，生物体必须拥有一个相对庞大的结构，这样才能适用于那些精确的定律，无论是自己的内部生命还是与外界世界的互动。否则，参与活动的分子数量就会过少，从而导致定律误差过大。要注意这里还出现了平方根，尽管100万是个巨大的数字，但误差率达到千分之一也并不是很令人满意，这样的精确度对于一条自然定律来说是远远不够的。

第二章　遗传机制

存在是永恒的；因为有许多法则保护了生命的宝藏；而宇宙从这些宝藏中汲取了美。

1. 经典物理学家的重要设想是错的

因为以上的实验我们得出结论，生物体和它所有相关的生物过程一定有一个"多原子"的结构，一才能避免偶然的单原子事件喧宾夺主。这很重要，朴素物理学家告诉我们，这样生物体才能按照精确的物理学定律进行规律有序的运作。从生物学角度说，这些从纯物理角度得出的结论符合实际的生物学事实吗？

一开始人们不太重视这些结论。三十年前的生物学家也许认为，尽管对一个科普演讲者来说，强调一下统计物理学在生物体和其他地方的重要性是有必要的，但其实也是陈词滥调。因为不仅仅是任何高等生物的成年个体，即使是每个细胞里都包含了数量巨大的各种原子。我们观察到的每个特定的生理过程，不管是在细胞内，还是细胞与环境相互作用中，看起来（至少是三十年前）都包含了大量的原子和原子过程[1]，所有相关的物理学和物理化学定律，甚至是对数量要求最严的统计物理学定律都是适用的，具体要求我刚刚已经通过 $\sqrt{n}$ 定律说明过了。

今天，我们知道这种观点是错误的。正如我们现在所看到的，很少数量的原子，即使少到无法体现统计学定律，也能在生物体内起到决定性作用，进行有序有律的活动。它们控制着生物体发展过程中形成的那些可观察到的性状，它们决定着生物体运行中的重要特性。在这里，生物学定律被精确而严格地贯彻着。

首先，我需要简单总结一下生物学的现状，特别是遗传学。换句话说，我必须概括这门学科目前所掌握的知识，尽管在这方面我不是专家。也许我说得比较浅薄，特别是对生物学家而言，我为此感到抱歉。另一方面，请允许我介绍一下流行的观点，即使或多或少有些教条。你不能指望一个笨拙的理论物理学家能够详细而精确地给出实验现象的完整报告，更不必说包含大量复杂精巧又创新机智的实验过程，或是熟练运用现代显微技术，提供对活细胞的直接观察结果。

2. 遗传的密码本（染色体）

让我引入一个新的概念："模式"，这个词来源于生物学家所说的"四维模式"，它不仅指生物体生命任一阶段的结构和功能，而

---

[1] 指从微观角度来看，原子直接相互作用的过程。

且还指生物体开始繁殖时从受精卵到成年的个体发育全过程。如今我们已经知道，整个四维模式都是有由一个细胞所决定的，这个细胞就是受精卵。我们还知道，主要是由这个细胞的其中一小部分——细胞核——所决定的。在细胞的"休眠期"，细胞核表现为网状染色质，分散在细胞里。但在细胞分裂的重要时刻（有丝分裂和减数分裂），它们则变为丝状或杆状的一组微粒，称为染色体。数量通常是8条或12条，人类是48条[1]。其实我应该这么写$2 \times 4, 2 \times 6, \dots, 2 \times 24, \dots$，或者按生物学家的说法，染色体有两组，成对出现。因为尽管单个染色体可以从大小或形状加以区分和辨认，但是两组染色体几乎是完全相同的。一组来源于母体（卵细胞），另一组来源于父体（精子）。就是这些染色体，或者说就是这些显微镜下看到的轴状纤维，像密码一样，包含了个体生命未来发展、运作，以及成熟所需要的完整模式。完整的染色体组包含全部的密码，所以通常在受精卵中，包含着两套完整的密码本，这就是未来生命最初的形态。

　　把染色体纤维称为密码本，我们的意思是，只要是一个有洞察力的人就可以根据卵的染色体结构告诉你，在将来的适宜条件下这个卵发育成什么生物——是一只黑公鸡还是一只芦花母鸡，是一只苍蝇还是一棵玉米、一株石楠、一只甲虫、一只老鼠或是一个女人？而这些正是拉普拉斯[2]所阐述的因果关系。我们需要补充的是，卵细胞有时候非常相似，就算不是很相似，比如有些鸟类和爬行动物的蛋相当大，但它们的染色体结构差别并不大，还没有卵细胞中包含的营养物

---

[1] 原文如此，当时认为是48条染色体，现普遍认为46条，23组。

[2] 拉普拉斯，法国著名数学家和天文学家，他是天体力学的主要奠基人，是天体演化学的创立者之一，是分析概率论的创始人，也是应用数学的先驱。

质多少的区别大。

但密码本这个说法还是有些太狭隘了。染色体结构对于生物体未来的生长成熟也是非常重要的，所以它们既是法典也是执行官，或者用另一个比喻，它们既是设计师，也是操作工。

3. 生物体的生长基于细胞分裂（有丝分裂）

染色体在个体发育中是如何表现的？

生物体的生长受到连续不断的细胞分裂的影响。这种细胞分裂被称为有丝分裂。考虑到我们的身体是由庞大数量的细胞所组成的，所以在细胞的生命中，有丝分裂不如人们料想的那样频繁。在生命的开始阶段非常迅速，卵细胞分裂成两个子细胞，接下来分裂成四个，然后变为8、16、32、64个……这种频率的分裂在身体的不同部位并不是完全一样的，因此各个部位的细胞数目是不平衡的。通过简单的计算，我们就可以知道卵细胞只要分裂50次或者60次就可以生成一个成人的细胞数[1]，如果算上一生中替换更迭的所有细胞，这个数字也可能要乘以10，由此可以知道，我的一个体细胞仅仅只是原始卵细胞的第50代或60代的"后代"。

4. 有丝分裂中每个染色体都复制

染色体在个体发育中是如何表现的？两组染色体，两组遗传密码都复制。这一过程最受关注，在显微镜下也已经被研究得很透彻了，

---

[1] 大致是100万亿~1000万亿。——原注

涉及的内容很多，这里就不细说了。最重要的一点是：两个子细胞得到了与母细胞完全一样的完整染色体组和遗传密码。所以我们所有的体细胞都具有完全一样的染色体。

尽管我们对这种机制了解得不多，但是我们可以肯定，它是通过某种途径同生物体的运作密切相关的。每个单细胞，甚至一些不那么重要的细胞，也拥有全套的两组遗传密码。前不久，我们刚在报纸上看到蒙哥马利将军要求手下的每个士兵都仔细了解他在非洲的全部作战计划。如果是这样的话（应该是真的，因为他的部队又聪明又可靠），正好为我的理论提供了一个美妙的类比——每个士兵其实相当于一个单细胞。最令人惊叹的是，在有丝分裂的整个过程中，每个单细胞始终保持着两套染色体组。这种遗传机制的卓越特性也有着唯一的一次例外，这就是我们马上要讨论的。

5. 染色体数减半的细胞分裂（减数分裂）和受精（有性生殖）

在生物体开始生长发育后不久，有一些细胞会保留下来为成年个体繁殖而服务，这些生殖细胞称为配子，视情况变成精细胞或卵细胞。"保留下来"的意思是他们在此期间没有任何其他目的，只进行有限的几次有丝分裂。这些保留的细胞最终通过减数分裂在机体成熟之后产生配子。一般而言，减数分裂只发生在受精前很短的一段时间。减数分裂中，含有两组染色体的母细胞分裂成两个子细胞（配子），每个子细胞含有一组染色体。换句话说，有丝分裂中染色体的复制过程没有发生在减数分裂中，染色体的数量不变，所以每个配子只得到其中一半，也就是说，只有一套完整的密码，而不是两套，比如在人类生殖细胞中，只有24个染色体，而不是2×24＝48个。

　　只有一组染色体的细胞称为单倍体。所以配子都是单倍体，而普通的体细胞是二倍体。体细胞中拥有三组、四组……或者多组染色体的情况也时有发生，它们分别称为三倍体，四倍体……或多倍体。

　　在有性生殖过程中，雄配子（精子）和雌配子（卵细胞）都是单倍体，融合产生的受精卵是二倍体。受精卵有两组染色体，一组来自母体，一组来自父体。

6. 单倍体个体

　　这里需要修正另外一点。尽管与文章的目的不是紧密相连，但也十分有意思，那就是：每一组染色体中都包含了"模式"的完整密码本。

　　减数分裂之后并不一定有受精过程，单倍体细胞（配子）自身进行很多次有丝分裂，最后形成一个完整的单倍体个体。例如雄蜂，就是单性生殖产物，来自于蜂后未受精的单倍体卵，所以雄蜂没有父亲！它所有的体细胞都是单倍体，你也可以把它称为大精子，因为正如大家都知道的，它的一生只有唯一一个任务（就是和蜂后交配）。

　　然而，（大精子）这种观点也许有些可笑，因为单倍体生物也并不那么少见。

　　有这样一类植物，它们通过减数分裂产生单倍体配子，又称为孢子，孢子落在地上，就像种子一样发育成真正的单倍体植物，和二倍体植物大小相当。图5是一种森林常见的苔藓的草图。在底部是长有叶片的单倍体植物，叫配子体，因为在它的顶部发育成了性器官和配子，按照两性受精的方式产生了二倍体植物，在光秃秃的茎的顶部有孢子囊，能够通过减数分裂产生孢子，因而这种二倍体植物称为孢子体。

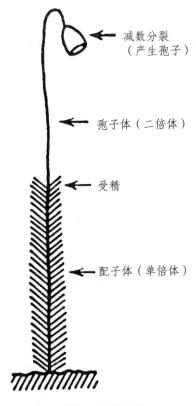

减数分裂
（产生孢子）

孢子体（二倍体）

受精

配子体（单倍体）

图5　世代交替

当孢子囊张开的时候，孢子便落地发育成有叶片的茎，如此不断地往复，这一连续过程称之为世代交替。只要你愿意，你也可以认为人和动物也是这样。但是配子体一般都是寿命很短的单细胞，就像人类的精子和卵细胞。我们的身体就像孢子体，我们的"孢子"就是上述那些保留下来的细胞，通过这些细胞的减数分裂，单细胞又产生了。

7. 减数分裂的突出性质

个体生殖过程中最重要的，起决定性的事件其实并不是受精，而是减数分裂。一组染色体来自父体，一组来自母体。无论是概率论或是命运论都无法改变这个事实。每个人[1]的特征一半遗传母亲，一半遗传父亲。至于父亲的遗传占优势还是母亲的遗传占优势，那是由于其他原因，留待以后会讲到。（性别的决定是其中最简单的例子。）

但是当你追溯你的遗传特性到祖父母这里，情况就不一样了。以我父亲的染色体组为例，比如，其中的5号染色体。我父亲要么从他父亲那里，要么从他母亲那里得到了这条5号染色体的复制品。1886年11月，在父亲的体内发生了减数分裂，产生了一个精子。几天以后，这个精子在我的诞生过程中发挥了关键作用。但这条染色体究竟是祖父的还是祖母的复制品，其概率是50：50。与此类似的，我父亲的1、2、3……直到24号染色体都是这么来的，我母亲也一样。

此外，所有48条染色体都是独立的，即使我知道我父亲的5号染色体来自我的祖父约瑟夫·薛定谔，但是7号染色体来自于他还是他的妻子玛丽·尼玻格娜的概率仍然是相等的。

---

[1] 男女都一样。为避免啰唆，我从中删去了性别决定和与性别相关的性状的遗传特点（例如，色盲症的遗传规律）。——原注

8. 交叉互换；遗传特性的定位

从以上的描述中我们得出结论，不管明说还是暗示，某条染色体总是以整体形式遗传下去的，要么来自祖父，要么来自祖母，换句话说，染色体是不分裂的。但在实际研究中，我们发现遗传特征的组合比理论上要多得多。所以，说染色体总是以整体形式遗传是不够准确的。在进入减数分裂之前，两条同源染色体相互靠近，进行联会，在此期间有时会交换它们的部分片段，如图6所示。这个过程我们称为"交叉互换"，通过这一过程，同一条染色体上的两种性状将会分开，孙辈将会从祖父那里遗传到其中一种，从祖母那里遗传到另外一种。染色体这种交叉互换的行为，既不罕见也不常见，但给我们提供了染色体上遗传性状的位置信息。想要充分了解我们应该在进入下一章节之前先介绍一下，（比如杂合性、显隐性等），但那样已超出了这本小书的范畴，所以让我先阐明最重要的一点。

如果没有交叉互换，位于同一条染色体的两种性状将会永远同时被遗传下去，没有任何后代会只遗传到其中一种。而位于不同染色体的两种性状则有两种可能：一种情况它们位于非同源染色体上，那么它们有50%的概率会被分开，第二种情况它们位于同源染色体上，那么它们则一定会被分开。

因为交叉互换的存在，这些规律和概率被打乱了。后代的遗传性状组合的概率可以通过精心设计的养育实验来确定。而研究这些数据，我们可以发现：两种性状在同一染色体上的位置越近，它们被分开的概率就越低，因为交叉点位于它们中间的概率较低；而靠近染色体末端的两种性状则经常会被分开。（与同源染色体上性状的重组类似。）用这种方式，我们可以在每一条染色体中，从"交叉点统计数据"中得到"性状位置图"。

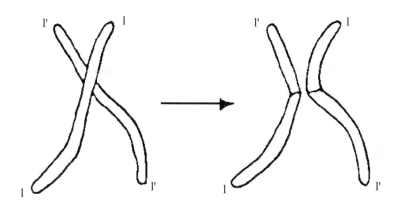

图6 交叉互换
左：两条同源染色体相互接触
右：交换之后分开

这些设想已被充分证实。科学家们已经做过很多相关实验（主要是果蝇，也有其他）。那些被研究的性状分成很多组，组的数量和染色体数量相同（果蝇有4条染色体），组与组之间没有任何交叉点。每个组可以画出性状分布的直线图，从数量上反映出每组中任意两条染色体之间的交叉点的多少。所以，我们可以肯定，这些性状确实存在，并且沿直线分布，就像杆状的染色体一样。

当然，就像这里说的，遗传机制的原理仍然相当空洞无聊，甚至幼稚。因为我们还没有说到，我们对遗传性状到底了解多少。其实，生物体本身是一个整体，而却被我们人为地分解成各种性状来仔细研究，实际上既不恰当也不可能。现在，我们常常会举这样一个例子，如果祖父母在某一方面是不一样的（比如，一个是蓝色眼睛，一个是棕色眼睛），后代在这方面要么遗传这个，要么遗传那个。我们在染色体中定位的是这种差别的位置。（专业术语称为"位点"，或者如果我们考虑到它的材料结构，也可以称作"基因"。）在我看来，性状的区别，而不是性状本身，才是最根本的概念，尽管这句话语法上和逻辑上有些问题。性状的区别其实是不连续的，在下一章节我们谈到突变的时候就会涉及，我希望，刚刚提到的这种枯燥的遗传机制也会变得更有意思一些。

9. 基因的大小

我们刚刚介绍了"基因"这个术语，用来表示某个遗传特性的物质载体。这里必须强调与我们研究相关的两点。第一，这个载体的大小，或者说，基因最大的体积有多大？换句话说，我们想要给它定位的话，需要到达多小的范围？第二，基因的持久性如何？

至于基因体积的测定，目前有两种独立的估算方法，一种是基于遗传学证据（养育实验），另一种是基于细胞学证据（直接显微镜观察）。第一种实际上相当简单。上文已经说过，我们可以在某条特定染色体上定位大量不同的性状（比如果蝇），然后用染色体的长度除以性状的数量，再乘以染色体的横截面，这样就可以得到基因的大致体积。但是，只有偶然通过交叉互换偶然分开的性状才算是不同的性状，所以这不能代表全部的微观或分子结构。另一方面，因为基因分析，越来越多不同的性状被分离出来，所以我们的猜想只是基因的最大体积。

另一种方法，尽管是基于显微镜观察，但也不算是直接的方法。

果蝇的某些细胞（如它们的唾液腺细胞），因为某些原因，增大了好多倍，染色体也随之增大。在染色体纤维上，你可以发现很多横向密集分布的暗纹（唾液腺细胞的染色体上有2000个左右），大体上和繁育试验得出的基因数目处于同一个数量级。他由此认为这些暗纹就是实际的基因（或者说不连续的基因）。用正常细胞中染色体的长度，除以2000，他得出一个基因的体积相当于棱长为300埃的立方体。由于这种估算方法误差较大，我们认为这其实也是第一种方法得出的结果。

10. 极小的数目

下面我们来详细讨论一下统计物理学在活细胞中基因大小这个问题上的应用。我们首先注意到300埃仅仅是液体或固体中100或150个原子间距，所以一个基因只能包含最多几百万个原子。根据统计物理学的观点来看，这个数目太小了（基于$\sqrt{n}$率），不可能进行有序的活动。即使所有的原子都起同样的作用，就像在气体或一滴液体中那样，这个数目还是太小了。而基因当然不可能是一滴液体，它不是均质的，它更像是一个大的蛋白质分子，每个原子，每个分子团，每个杂合环都起着各自的作用，与其他相似的原子，分子团，杂合环的作用多多少少有些不同。这就是霍尔顿和达林顿等遗传学权威的观点，我们很快就会参考基因实验来证明它。

11. 持久性

下面我们转到第二个重要的问题：遗传性状的持久度到底怎么样？那又与性状的载体物质有什么关联呢？

问题的答案很明显，不需要任何特别的研究。既然我们使用"遗传性状"这个短语，这本身就可以说明，我们已经承认持久度几乎是永恒的。父母传给子女的并不仅仅是那些明显的性状，比如鹰钩鼻、短手指、血友病、风湿症、色盲等。我们可以很方便地选择这些表面的性状来研究遗传规律，但是遗传性状实际上不仅仅是指个体明显的外在特征，它更是一种表型的综合（四维）模式。它们经历了若干世代，被完整地传下来，并没有发生明显变化。尽管不能说几万年不变，但至少在几百年内是不变的。合成受精卵的两个细胞核的物质结构在传递的过程中，承载着遗传性状，每次传递都是这样。这不能不说是一个奇迹。不过，人类的整个生命的延续依赖遗传的神奇作用，而我们运用认知能力获取关于这种奇迹的知识，我想这又是一个更伟大的奇迹了。

第三章　突变

表相缥缈，动荡不定，

坚持思考，凝固在心。

——歌德

1. "跳跃式"突变——自然选择的基础

我们刚刚论证了基因结构的稳定性，提出了一般的论据，但仅此并不具备强烈的说服力。谚语说，没有一个规律没有例外。如果孩子与父母之间的相似性没有例外的话，我们就没有机会进行那些美丽的实验，以致无从了解遗传的具体机制，更无法理解大自然的自然选择和适者生存原理。

让我用刚刚提到的自然选择来引出相关事实吧（再一次抱歉并提醒大家，我不是生物学家）：

今天我们当然都知道，达尔文受到了误解，人们他把单一种类的生物群内部发生的细微、连续、偶然的变异当成了自然选择的结果。但这些性状已被证实并不是遗传得来的。这一事实很重要，我需要简单解释一下。如果拿来一捆纯种大麦，然后测量每一株麦穗的麦芒长度，并绘制一张统计图表，你就会得到一幅钟形图。如图7所示，横坐标是麦芒长度，纵坐标是该长度的麦穗数量。换句话说，麦芒中等长度的麦穗数量占优势，越短或越长则数量都在减少。现在选取一组麦穗为例（图中标黑部分），这组的麦芒长度明显超过平均数，但数量上足够再次播种，并等待它们的种了长出来。用新长出来的麦穗再做一次统计，根据达尔文的观点，新的统计图中，相应的曲线应该会向右大幅移动。换句话说，他以为能通过人工选择，种出麦芒超过平

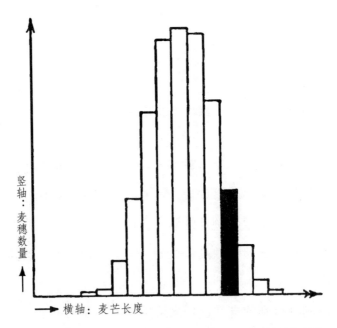

竖轴：麦穗数量

➡ 横轴：麦芒长度

图7 纯种大麦的长度统计图。黑色组为选取出来再播种的部分。
（本图并非来自真实实验，仅用作阐释原理）

均长度的麦穗。然而情况并非如此。如果种植的是纯种大麦的话，新的统计图和原来的几乎一样。而用较短的麦芒做实验情况依然不变。选择对麦芒长度没有影响——因为这种细微的连续的变异不会遗传下去。它们不是遗传物质改变的结果，而仅仅是偶然。

四十年以前，荷兰人德弗里斯[1]发现，即使在纯种繁育的后代中，仍然有一小部分个体，差不多万分之二、三左右，会显示出细微但跳跃性的变化，"跳跃性"不是指变化很大，而是指这种变化是不连续的，因为在变与不变之间没有任何过渡形式。德弗里斯称之为突变，重点就在于不连续。这让物理学家想到了量子论——在两个相邻的能量级之间没有中间能量，因此他倾向于把德弗里斯的突变理论比喻为生物学的量子论。在后面的章节中，我们会知道，这绝不仅仅是比喻而已，突变的原理就是由于基因分子中的量子跃迁。但量子理论只比突变理论（1902）早发表了两年，因此，由下一代学者去发现两者之间的关系也毫不奇怪了。

2. 它们具有纯育性，即它们完美地被遗传了下去

突变的性状和原本不变的性状一样，可以完美地被遗传下去。举个例子，在上文提到的那捆大麦里，可能会有几株麦穗的麦芒长度在图7的范围之外，比如完全没有麦芒。这可能就是德弗里斯所说的突变，这种性状可以遗传下去，也就是说，它们的后代将都没有麦芒，完全一样。

---

[1] 雨果·德弗里斯（Hugo de Vries）（1848—1935），荷兰生物学家、遗传学家，20世纪著名的生物学家、生物突变论创立者。

因此突变绝对是"遗传宝库"中的一个变数，也正是因为它，遗传物质也有了一定的变化。实际上，几乎所有向我们揭示遗传机制的重要养育实验，都是通过分析杂交产生的后代突变的概率。按照设想的计划，让已突变的（或在很多情况下，多样突变的）生物和没有突变的个体或其他突变的个体杂交而来。另一方面，因为它们的纯育性，根据达尔文的描述，突变给自然选择和适者生存的理论提供了一个合适的材料。在达尔文的理论中，你只需要用"突变"来替代"细微偶然的变异"（正如量子理论中用"量子跃迁"来替代"连续的能量转换"），而在其他所有方面，达尔文的理论不需要做任何修改，这是大多数生物学家所持的观点。[1]

3. 定位，隐性和显性

我们现在必须回顾一些关于突变的其他基本原理和观念。实在抱歉又有些教条，因为没有从实验的证据中显示这些原理是怎样产生的。

我们认为，一个可观察到的突变是由一条染色体上某一区域的变化所引起的，事实却确实如此。必须强调，这是某一条染色体的变化，而非它的同源染色体。如图8所示，×号部分代表突变的区域。我们可以通过养育实验来证明只有一条染色体受到影响：我们让突变的个体（通常称为突变体）和非突变体杂交，结果有一半的后代显示

---

[1] 生物向着更有用和更有利方向的突变，这到底是不是自然选择？这个问题的讨论已经足够了。我的个人观点并不重要，但必须强调的是，在以下的讨论中，我们是不考虑"定向突变"的。另外，这里我没有涉及"开关基因"和"多基因"，尽管它们在实际的选择机制和进化中非常重要。——原注

出了突变性状，而另一半没有。

　　这就是两条染色体在减数分裂时被分开的结果——如图9所示，非常直观。这是一个"系谱"，通过特定的染色体对来代表个体（三代）。请注意，如果突变体两条同源染色体都受到影响的话，那所有的孩子都将获得相同的遗传特性，与父母的都不一样。

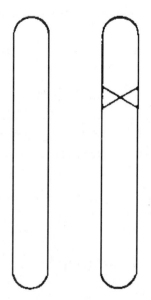

图8　杂合突变体。
×号代表突变的基因。

　　但这个领域的实验比刚才说的要复杂多了，因为这里涉及第二个重要事实：那就是突变经常是隐形的。这是什么意思？

　　在突变中，两套遗传密码不再完全相同，至少在那一个位置，它们有两种不同的版本。也许我应该立即指出，有些人把原始的密码看作是"正统的"，把突变体的密码看作是"异端的"，尽管能够理解，但这种认识是错误的；我们应该平等地看待它们，因为我们知道正常的性状也是从突变那里发展而来的。

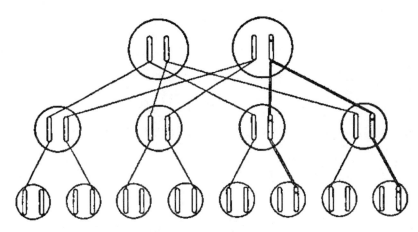

图9　突变的遗传。
交叉的线代表染色体的传递，双线代表突变染色体。
第三代中未加说明的那些染色体来自于第二代的配偶（表中没有显示）。
他们应该是非亲属，染色体中不包含突变的基因。

　　事实上，一般来说，个体的遗传"模式"也有两种版本，要么是正常的，要么是突变的。显现出来的版本称作显性，未显现的称为隐性，换句话说，我们一般根据突变是否立刻对性状产生影响来把它分为显性突变或隐性突变。

　　隐性突变比显性突变发生的概率更高，尽管一开始并不显现出来，但它们也非常重要。只有两条染色体都发生突变的时候，隐性突变性状才会表现出来。

　　两个隐性突变体相互杂交或一个隐性突变体自交时，就会产生这样的个体；在雌雄同体的植物那里经常发生这种情况，甚至是自发产生的。在本例中，可以观察到这种类型在后代中约占四分之一，这也明显地显示出隐性突变的模式。

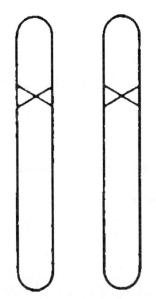

图10　纯合突变，后代中约占四分之一，
来自于杂合突变体的自受精或杂交。

4. 解释一些术语

　　这里我需要解释一些专业术语，让问题更清楚点。比如，在讲
"密码的版本"——原始密码或者突变密码时，我实际上说的就是相
同位置上的"等位基因"。当两条染色体的版本不一样时，如图8所
示，这样的个体就称为杂合子；而当版本一样时，比如非突变个体或
图10这种情况，它们就成为纯合子。所以隐性等位基因只有在纯合子
中才能显现出来，而显性等位基因在杂合子和纯合子中都可以显现。
　　有色通常对于无色或白色来说是显性的。例如，只有两条染色
体上都有"白色基因"，或者说它是一个"白色基因纯合子"时，豌
豆花才会显现白色。它会将这种基因遗传下去，所有的后代都将是白

色。但只要一条染色体包含红色基因（另一条包含白色基因；杂合子）的个体仍然会开红花，而两条染色体上都有红色基因的个体（纯合子）也开红花。这两种红花的区别只能从后代的表现中看出来，杂合子红花将会产生一些白色后代，而纯合子红花所有的后代都开红花。

两种个体在外观上可能非常相似，后代的表现却千差万别，所以弄清楚它们具体精确的区别非常必要。遗传学家把这种情况称为有相同的表现型，但有不同的基因型。所以上述内容可以简单专业地总结为：

只有当基因型是纯合子时，隐性等位基因才能影响个体的表现型。

接下来我们还会用到这些专业的说法，必要的时候我会帮助读者回顾它们的含义。

5. 近亲繁殖的危害性

只要隐性突变是杂合的，自然选择就对它们毫无作用。如果这些突变是有害的（大多数突变都是有害的），它们就不会被淘汰掉，因为它们是隐性的。所以有很大一部分有害的突变会累积起来，不会立刻造成明显的损害。但是，这些突变会遗传给后代中的一半个体，这个规律就很值得研究了。因为对于人类、牲畜、家禽或其他生物来说，后代的优良品质对于我们来说很重要。图9中假定一名男性个体（具体一点，比如我自己）携带着一个有害的杂合隐性突变，正如前文所言，它不会在我身上明显地表现出来。再假定我的妻子没有这种突变，那么，我们的孩子（第二代）中，将有一半的人携带这种突变——仍然是杂合的。如果他们都与没有这种突变的配偶结婚（为避免混乱，图中未显示），那么我们的孙辈中的大约四分之一，将会受到影响。

所以，除非都带有突变基因的个体相互杂交，否则我们不必担心这种危险会明显变大。但是如果这种情况发生的话，如上文分析，四分之一的孩子将会成为纯合子，就会表现出有害的性状。除了自体受精（只在雌雄同株的植物个体上发生）之外，最大的危险就是我的儿子和女儿结婚。他们带有这种潜在的有害突变的概率是1/2，所以这种乱伦结合中有四分之一非常危险，因为他们的孩子中1/4将会表现出有害的性状。综上，这种乱伦生育的孩子出现有害性状的概率是1/16。（1/4*1/4）

同理，我的两个"纯血缘的"孙儿、孙女（堂或表兄弟姐妹）结婚生下的后代的危险概率是1/64。这个数字看起来似乎不算大，现实中这种情况也常常得到允许，但请别忘了我们仅仅从一对祖父母身上（我和我妻子）分析了一种可能的隐性突变，实际上他们俩都很有可能带有不止一种类似的隐性有害突变。如果你知道自己带有一种有害突变，你必须要意识到，你的堂或表兄弟姐妹也有1/8的可能带有它！动植物的实验显示，隐性的危害基因中除了严重的、比较罕见的缺陷外——当然它们的数目是很少的，还有许多较小的缺陷。所以近亲结婚的话，这些小的缺陷累积起来，就会导致后代出现有害性状的概率大为增加，甚至使得他们严重衰退恶化。历史上，斯巴达人用非常残忍的方式在泰格托斯山消灭了失败者，尽管现在不会再发生那样的事情了，但我们必须用特别严肃的眼光来看待自然界中的人类。如今弱肉强食的规律似乎越来越不起作用,甚至走向反面。如今,战争对年轻人的屠杀其实是一种违反自然选择的现象,但是,这种情况影响有限,因为在更原始的状态下,战争其实对自然选择起到了积极作用。

6. 综合性和历史性的评价

当隐性基因是杂合子时,被显性基因所压制,不会表现出任何明显影响,这一点非常神奇。但也有一些例外:当纯合的白色金鱼草和纯合的深红色金鱼草杂交时,所有的直接后代都是处于两者中间的颜色,比如,粉红色,并不是预期的深红色。另一个非常重要的例子是血型,其中两个等位基因同时表达它们的影响,这里就不详说了。如果今后我们能够给隐性的程度评级,或者发现隐性的程度取决于我们检验表现型的方式是否足够精准,我也不会感到意外的。

这里也许可以说一说早期遗传学的历史。遗传理论的基石——不同的亲代到子代的遗传规律,特别是显性—隐性性状的发现,都要归功于如今世界著名的奥古斯丁教派的修道院长格里格·孟德尔(1822—1884)。孟德尔根本不了解突变和染色体,在布隆的修道院花园里,他做了关于豌豆的实验。孟德尔种下不同种类的豌豆,把它们杂交,观察它们的后代,第一代,第二代,第三代……你也许会说,他用了自然界中天然的突变体进行实验。早在1886年,孟德尔在"布隆自然研究者协会"的会报上,发表了这次实验的结果。当时似乎没有人对他的爱好有特别的兴趣,也没有人会曾想到他的发现将在20世纪成为科学界最闪亮的一门分支,无疑是当今最吸引人的学科。

他的论文直到1900年才被再次发现，阿姆斯特丹的德弗里斯、维也纳的切玛克和柏林的柯伦斯三人同时且各自独立地发现了这个结论。

7. 突变是小概率事件的必要性

到目前为止，我们仍然主要在关注有害突变，因为大多数突变都是有害的，但也必须指出，我们也遇到不少有利的突变。如果说自发突变是生物进化过程中的一小步，我们似乎有这样的感觉：一些变化一直在随机地尝试，冒着成为有害突变而被自动消灭的风险。由此带来了一个非常重要的结论。为了成为自然选择的合适材料，突变必须是小概率事件，事实确实如此。如果突变的概率很高，那么很有可能许多不同的突变会发生在同一个个体中，一般来说，有害突变远远超过有利突变，从而导致该物种不仅不能通过自然选择进化，反而会原地踏步，或者消亡。基因的相对保守性是显而易见并且是十分必要的，这得益于它的高度的持久性。打个比方，在一个大型工厂的生产车间中，为了更好地发展创新，即使会失败，也必须努力尝试新方法。但为了确定这些创新到底是有利还是有害，工人们一次只能引入一种新方法，而其他部分必须保持稳定。

8. X射线诱发突变

现在我们必须要回顾一系列最巧妙的遗传学研究，这将会是我们的分析中最有意义的部分。

后代中突变的概率称为突变率，我们可以通过用X射线或γ射线照射亲代来提高后代的突变率，达到自然突变率的几倍。这种方式产生的突变除了数量增多，其他都与自然突变无异，所以我们也可以用X射线来诱发"自然"突变。在果蝇的实验中，很多特别的突变自发地反复出现，我们在染色体中把这些突变定位，并给它们命名。

我们还发现了"多重等位基因"，也就是说，除了正常基因，即未突变基因之外，在染色体密码的相同位置，有两种或两种以上的"版本"和"解读"，那就意味着，在特定的位置，不仅只有两种，而是有三种或以上的替换选择。当其中任意两种同时出现在同源染色体的对应位置时，它们都有相对的"显-隐性"关系。

我们从X射线诱发的突变实验得出结论，每一种特定的"转变"，比如从正常个体到特定的突变个体，或从突变个体到正常个体，都存在独有的"X射线系数"，该系数指的是用单位剂量的X射线照射亲代，后代成为突变个体的概率。

9. 第一定律　突变是单一性事件

此外，诱发产生的突变率的规律非常简单，也非常有启发性。下面我引用N.W.提姆沃夫发表在《生物学评论》杂志（第9卷，1934）上的报告来阐述这个问题。这也是文章作者自己辛苦实验得来的结果。

第一定律：

（1）突变率的增加与射线的剂量成正比，所以我们可以引入增长系数。

由于对简单的正比例再熟悉不过了，所以我们往往会低估这个简单定律的深远影响。为了帮助大家理解，举个例子，一般来说商品的总价是和数量成正比的。平日里，如果你从店主那里买6个橘子，他就会对你印象深刻了，所以如果你一下子要买12个，他也许会给你打个折扣。如果在物资缺乏的年代，就会发生相反的事情。回到突变的话题，我们可以推断，如果一半剂量的辐射导致后代中千分之一发生突变，那么剩下的没有发生突变的后代是不受影响的——它们既不免于突变，也不倾向于突变。若非如此，另一半的辐射剂量怎么会恰好也引起后代中的千分之一发生突变呢？因此，突变并不是由连续的小剂量辐射相互增强而引起的一种积累效应。突变是单一性事件，并且它只是在辐射期间发生在一条染色体上。那这是一种什么事件呢？

10. 第二定律　事件的局限性

这个问题可以由第二定律回答，即

（2）即使你大幅度改变射线的性质（波长），从软X射线[1]到硬γ射线，只要射线剂量不变，突变率基本保持不变。

我们用伦琴单位来测量剂量，1伦琴单位[2]等于在照射下标准物质的单位体积内所能产生的离子总数。

———————

[1] 波长越短的射线能量越大，叫作硬射线，波长长的射线能量较低，称为软射线。γ射线的波长比X射线短，所以γ射线的穿透能力比X射线更强。

[2] 伦琴是放射性物质产生的照射量的一个单位。得名于德国物理学家威廉·伦琴，于1928年被采用。英文代号为R，其定义是在0摄氏度，760毫米汞柱气压的1立方厘米空气中造成1静电单位（$3.3364 \times 10{-10}$库仑）正负离子的辐射强度=1伦琴单位。伦琴单位不是国际单位，但在医学等方面还是很常用。与国际单位的换算是1伦琴单位=$2.58 \times 10{-4}$库仑/千克，1伦琴（R）=1000毫伦琴（mR）。一般用来衡量X射线和γ射线的强度。

　　人们一般选择空气作为上述的标准物质，不仅仅是方便，还因为组成有机体的物质的原子质量和空气的原子质量相同。因此，有机体内电离或相关过程（刺激）产生的总离子数量的下限值[1]，就可以通过把空气中的电离数乘以二者的密度比得到。结果很明显，这种导致突变单一性事件，其实仅仅是"临界"体积的生殖细胞内的一种电离作用（或类似的过程），这个结论也得到了更严格的研究证明。那么，这个临界的体积是多少呢？要想回答这个问题，我们可以根据观察到的突变率估算出来。如果每立方厘米产生50000个离子的剂量，使得某个特定的配子在照射的区域里发生某种突变的概率是1/1000，那么，我们可以断定，要想"目标"被电离"击中"从而导致突变发生，这个临界体积只有1/50000立方厘米的1/1000，换句话说，只有五千万分之一立方厘米。这个推断出来的数字并不是确切的数字，只是为了说明一下问题。实际上，我们根据K.G.齐默、N.W.季莫菲也夫和M.德尔布吕克所写的一篇论文，可以得出实际估计的数字。他们写的这篇论文也是后面两章的主要理论来源。他们研究得出，这个临界体积大约为边长是10个平均原子距离的1个立方体，只包括大约1000个原子。简单地说，如果在距离染色体上某个特定的点不超过"10个原子距离"的范围内发生了一次电离（或刺激）就有产生突变的一次机会。我们现在更详细地来讨论这一点。

　　季莫菲也夫的报告隐含着一个十分重要的推论，我不得不在这里提一下，尽管与我们目前的研究没什么关系。在现代生活中，人们有很多机会暴露在X射线下，直接的危害包括烧伤、癌症、不孕等耳

　　[1] 下限值，因为这些其他的过程无法在测量电离值时同时测算出来，但有可能也会导致突变。——原注

熟能详的疾病，现在人们已用铅屏、铅围裙等作为防护来避免这些危险，尤其是对经常接触射线的护士和医生们。我的重点是，即使这些显而易见的危险可以成功地屏蔽掉，但仍有可能会在生殖细胞中产生一些有害的突变——就是上文讨论近亲繁殖时提到的那种突变。说得严重一点，举个有点幼稚的例子，如果祖母是一个长期接触X射线的护士，那她的孙辈中如果有堂或表兄弟姐妹结婚的话，后代表现出有害性状的概率会大大提升。对于任何单独的个体来说，没有必要为此担心。但是对于整个人类社会来说，这种潜在的有害突变是会慢慢地影响人类的健康，因而需要我们充分关注。

第四章　量子力学的证据

你如火焰般炽热而奔放的想象力，静默成一个映象，一个比喻。

——歌德

1. 经典物理学无法解释的持久性

由于X射线这一精妙工具的使用（物理学家在三十年前已发现了晶体的原子结构），以及近来物理学家和生物学家的通力合作，目前我们已经成功地降低了微观结构的上限值，比第二章第9节的估计数字还要低很多（这里的微观结构是指个体中广泛存在的结构——基因的大小）。现在我们面临一个严肃的问题：根据统计物理学的观点，我们如何才能解释，为什么基因结构仅仅包含很少量的原子（大约1000个或更少），但却能展示出有规律有秩序的活动，同时还拥有令人惊叹的牢固性和持久性？

让我再详细说说这个不可思议的事实吧。在哈普斯堡王朝时代，有一些成员长着非常难看的下唇，俗称哈普斯堡唇。维也纳皇家科学院的科学家们在王室的资助下，仔细地研究了这种唇的遗传基因（连同历史画像），最后得出结论，这种特征是正常唇形的一个孟德尔式的"等位基因"。如果比较一下16世纪的这个家族中某些成员和他的19世纪的后代的肖像，我们就可以毫不犹豫地得出结论，导致这种畸形特征的基因结构已经世代相传了好几百年了。研究还发现，尽管每一代的细胞分裂次数不多，但是每次细胞的分裂几乎都是百分之百的复制。此外，前面由X射线实验测得的原子数目和这个基因结构所包含的原子数目很有可能是同一个数量级。在这个过程中基因一直处于98° F（36.67℃）左右的温度下，但是能保持几个世纪之久而不受热运动的干扰。那么对于这一点我们又应该如何理解呢？

如果一位19世纪末的物理学家只知道和理解那些自然法则的话，他可能对这个问题仍然会感到困惑。但也许他对统计力学有所了解之后，就可以做出回答：这些物质结构只能是分子。对于这些原子集合体的存在，以及它们的高度稳定性，当时的化学界已经有了深入的了解，只不过这种了解还停留在纯粹经验上，因此人们对分子的性质并没有彻底掌握——为何原子之间如此稳固，使得分子保持一定的形状，当时的化学家几乎是一无所知的。所以，尽管上面的回答是正确的；但是它只是凑巧把这种神秘的生物学稳定性归结到了神秘的化学稳定性上，这一点是没有任何理论价值的。虽然这两种稳定性表面上相似，也是依据同一原理，但是只要人们对这个原理本身还一无所知，那么这个结论也是值得怀疑的。

2. 可以用量子论来解释

这部分的理论基础是量子论。现在我们已经知道，遗传机制的原理与量子论紧密联系，甚至是基于量子论之上的。这一理论由马克斯·普朗克在1900年发现。现代遗传学的建立起源于德弗里斯、科伦斯和切玛克发表的论文——关于孟德尔论文的再发现（1900），以及德弗尔斯关于突变的论文（1901）。因此看出，这两大理论几乎是同时产生，并且只有它们在发展到一定程度后，才会相互发生联系。量子论花了大约25年，直到1926—1927年，才由W.海特勒和F.伦敦提出化学键的量子论的基本原理。海特勒—伦敦理论包含量子论中的最新发展，提出了最精妙和复杂的概念——量子力学或波动力学。想要解释清楚的话，我必须用到微积分，或者至少再写一本小册子，但幸运的是，我们现在可以直接明了地表达突变同"量子跃迁"之间的联系，并把最为关键的部分阐释清楚。这就是我们在本书中所要努力去做的。

3. 量子论——非连续状态——量子跃迁

量子论的伟大启示在于，在自然之书当中，我们发现了非连续状态的特征。而迄今为止，似乎大家都认为自然界中只存在连续性，任何非连续性都是荒谬的。

关于这个话题的第一个例子是能量。个体很大程度上可以连续地改变它的能量。比如，钟摆摇摆的速度会因为空气的阻力而逐渐变慢。奇怪的是，我们必须承认，具有原子大小的微观系统的行为是迥然不同的。当中的原因我们无法在这里详细论述。为了便于理解，我们可以假定有一个具有不连续能量的小系统，这种不连续的能量我们称为能级。量子从一种状态转变为另一种状态是一个相当神秘的事件，我们称之为"量子跃迁"。

　　但能量并不是此系统唯一的特点。再用钟摆举例，除了左右摆动，它也可以进行其他运动。把一个重球悬挂在天花板垂下的线上，我们可以让它朝着南北或东西方向运动，也可以是其他方向，或者让它作圆形或椭圆形运动。如果用风箱吹动这个球，它就会连续地从一种状态转变成另一种状态。

　　但对于微观系统来说，大部分这样或类似的特征变化是不连续的（此处略谈）。它们是量子化的，像能量一样。

　　于是就出现了这样的情形：许多原子核，包括它们外层的电子，当互相接近形成"系统"的时候，结构与我们能想到的都不一样。但它们自身的特点决定了，这只能是一种大量但是不连续的状态[1]。我们通常称之为能级，因为能量是其中最重要的部分。但必须说明，完整的描述绝不仅仅包含能量。实际上，想要描述这种状态就像想要描述所有血细胞的确切形状一样（非常困难）。

　　从一种结构到另一种结构的转变就是量子跃迁。如果量子从能级低向能级高的状态转变，必须从外界吸收能量（至少是两个能级之差）才能顺利进行。若是从能级高向能级低的状态转变，则必须以电

---

　　[1] 原子的结构有多种模型，我采用的是最为普遍的版本，同时也与本文目的相符。但我总有一种为图方便而犯了错误的感觉，因为这种状态的系统包含很多偶然的不定性，所以实际情况要复杂得多。——原注

磁波的形式释放多余的能量。

4. 分子

给定一组处于非连续状态的原子，如果存在一个最低的能级，那就意味着原子核之间距离很近。处于此状态的原子形成分子。这里要强调的是，分子需要保持稳定，结构一般不会变化，除非外界提供足够的能量，可以"把它举起"到更高的能级。能级差是一个定义明确的数量，由它决定了分子的稳定程度。这个事实和量子论基础（也就是能级的不连续性）的紧密关系，在后面的论述中我们很快就可以证实。

上述观点已由化学实验充分证实，同时也成功地解释了化合价的基本原理和关于原子结构的许多方面，如它们的键能，它们不同温度下的稳定性等。上述观点主要来自海特勒—伦敦理论，因文本所限，这里就不展开了。

5. 分子的稳定性由温度决定

我们必须考察一个生物学中最吸引人的问题——不同温度下的分子稳定性。以在最低能级的原子系统为例，物理学家把它称为在绝对零度的分子。为了把它提升到更高的能级，我们需要给它提供能量。最简单的方法就是"加热"，你把它带到更热的环境里（"热浴"），让周边的原子、分子不断地冲击它。考虑到热运动的完全无规律性，所以没有一个确切的温度界限，可以保证立刻产生效果。在任何温度下（除了绝对零度），都或多或少有可能产生提升能级的机会。当然，温度越高，机会越大。所以，表示这种机会最好的方法就是计算"提升"发生的平均时间，即"期待时间"。

根据M.波兰尼和E.魏格纳的研究，"期待时间"主要由两种能量的比值所决定。一种是能级能量之差（用W表示），另一种是在某温度下热运动强度（用kT表示，T表示绝对温度[1]）。很好理解，如果"提升能级"的机会越小，那么期待时间就会越长，能级提升的幅度与热运动的平均强度之比就会越高（即W/kT越高）。最令人惊奇的是，期待时间的变化受W/kT比值的影响非常大。例如（按照德尔布吕克的例子），W是kT的30倍，期待时间有可能只有短短1/10秒；但当W是kT的50倍时，期待时间将会延长到16个月；而当W是kT的60倍时，期待时间将会增加到三万年！

6. 数学插曲

我们可以用数学语言来说明，为什么期待时间对能量差或是温度如此敏感，也可以用一些相关的物理学知识补充说明。根据上文所说，期待时间取决于W/kT的比值，用指数函数表示为

$$t=\tau e^{W/kT}$$

τ 是一个很小的常量，大约在10^{-13}到10^{-14}之间，如今这个特定的指数函数并不罕见，它在统计热学理论中反复出现，构成了这个理论的基本骨架。它用来测定在系统的特定部分偶然聚集起像W那么大的

---

[1] k是已知的常数恒量，称为玻尔兹曼常量。3/2kT就是一个气体原子在温度T下的平均力能。——原注

能量的不可能程度，而当kT前还有相当大的系数的时候，这种不可能的程度急剧增大。

实际上，$W=30kT$（见上述例子）已经是极其罕见了。由于τ因子非常小，所以这个例子中的期待时间并不长（只有1/10秒）。τ因子有特定的物理含义。它大约是系统中发生振动的周期。简单地说，我们可以这样描述，W是我们需要达到的量，而τ就是一次次振动然后累积成W的机会，尽管数值非常小，但这种振动一次次发生，也就是说，每秒大约发生10^{13}或10^{14}次。

7. 第一个修正

想要把这些观点看成分子稳定性理论的一部分，我们其实已经默认，这种量子跃迁就算不会造成完全分解，至少也会导致原子形成不同构型——形成一个同分异构的分子。正如化学家所说，两个同分异构的分子中原子相同，只是排列不同（应用在生物学中，它代表染色体相同位置的不同等位基因，而量子跃迁就代表一次突变。）

为了使上述解释成立，我们的论述中有两点必须修正，因为我为了易于理解说得太简单了。根据上文所述，有人会轻易地认为，只有在极低的能量状态下，一群原子才会组成我们所说的分子；而相邻的较高能级就是"其他东西"了。事实并非如此。实际上，在最低能级之上，有很多相邻接近的能级，但这些能级的变化并不会给分子的构型造成任何可感知的变化，只会产生原子间的一些小振动，这点已经在上一节里谈过了。它们也是"量子化"的，但从一个能级跃进到相邻能级的幅度非常小。所以，分子的"热浴"对它们的影响足以使它们在低温下振动。如果把分子放大，你可以把这些振动想象成高频声波，穿过分子但不会造成任何损害。

　　因此第一个修正的意义和价值不大，因为我们可以忽略能级系统的"振动精细结构"。"相邻的较高能级"的概念可以理解为能够使得构型产生较大变化的下一个能级（不能产生变化的就算）。

8. 第二个修正

　　第二个修正要难解释得多，因为这与不同能级中，某些重要但相当复杂的特性有关。两者之间的自由通道也许被堵塞了，更谈不上供给量子跃进所需要的能量了。实际上，从高能级到低能级的通道也有可能被堵塞。

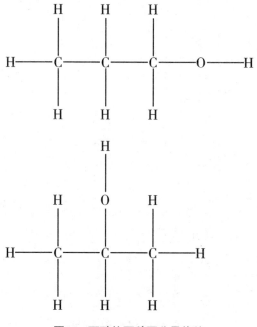

图11　丙醇的两种同分异构体

让我们从经验开始。化学家都知道，同一组原子可以以多种方式结合构成分子。这样的分子称为同分异构体（"包含相同的部件"）同分异构现象并不特殊，这是有规律的。分子越大，同分异构体越多。图11显示了其中一个最简单的例子，丙醇的两种同分异构体，都包含3个碳原子（C）、8个氢原子（H）和一个氧原子（O）。氧可以插入任何氢和碳之间，但只有图中的所显示的那两种情况才可以形成自然界中真正存在的物质。这两个分子的物理常数和化学常数都明显不同，不仅如此，它们的能量也不同，具有"不同的能级"。

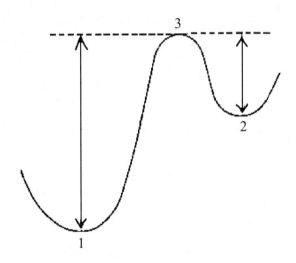

图12　两种同分异构体的能量阈值。
箭头表示进行转化所需的最低能量。

值得注意的是，这两个分子的状态都很稳定，仿佛都处于"最低状态"。从一种状态转化到另一种状态的自发转化的概率微乎其微。

原因是，这两种构型并不相邻。从一种状态到另一种的转化需要另一种构型作为中介，而这个构型的能量比原先的两种都高。简单说，氧原子需要从一个位置中移除，并且插入另一个位置。如果没有中介构型，是没有办法完成转化的。这种转化可以从图12中形象地看出。1和2代表两种同分异构体，3代表了它们之间的"阈值"，两个箭头指代"跃进"量，分别代表为了产生从状态1变化到状态3或者从状态2变化到状态3所需要的能量。

现在我们可以给出"第二个修正"了：只有这类"同分异构体"的跃进才是生物学应用中最吸引人的事件。在本章第4节到第6节中解释"稳定性"时已经谈论到了这些跃进。转化过程中所需要的能量供应（W所指代的量）并不是实际的能级能量之差，而是从原先的能级转化到阈值所需要的能量（见图12中的箭头）。

中间没有阈值的转化完全没有意义，不仅在生物学方面，在其他方面也是如此。这样的转化对分子的化学稳定性没有任何影响。为什么？因为这种转化不会持久，不会被注意到。而且，当它们发生的时候，由于没有什么可以阻止这种转化，几乎都会立即退回到原先的状态。

第五章　对德尔布吕克模型的讨论和检验

诚然，正如光明显出了自身，也显出了黑暗一样，真理既是自身的标准，也是谬误的标准。

——斯宾诺莎《伦理学》第二部分，命题43

1. 遗传物质的概貌

这些由很少的原子所组成的结构，能够禁得起长时间热运动的干扰吗？从以上论述中，我们的问题似乎有了一个非常简单的答案。我们假定，基因和大分子的结构一样，仅仅能够进行不连续的转化，这种转化包含原子的重新排列，也会产生另一种同分异构体[1]。原子的重新排列也许只会影响基因的一小部分，但并不排除原子有大量重新

---

[1] 为了方便起见，我仍然称之为一种同分异构转变，尽管排除环境影响的可能性显得很奇怪。——原注

排列的可能性。由此看来，阻止分子转化成同分异构体的能量阈值，必须足够高（与原子的平均热运动相比较），这样才能使转化发生的概率保持在较低水平，这种罕见的转化我们可以认为就是基因自发突变。

本章的后面部分将通过与遗传学的事实相比较来验证基因和突变的一般观点（主要根据德国物理学家德尔布吕克的观点）。首先，我们对该理论的基础和一般性质作简要评论。

2. 观点的独特性

在生物学上，我们如此执着去研究最深奥的本源和量子力学的原理，真的有必要吗？今天，基因是一个分子已经成为常识。对生物学家来说，不管是否熟悉量子理论，都不会否认这个观点。在第四章第1节中，量子论诞生之前的物理学家也是这么认为的，因为这是基因持久性的唯一合理解释。接下来，关于同分异构体、阈值能量，以及在同分异构转化中W/kT比值的重要作用——所有这一切，实际上都可以用纯经验来解释，而不需要用到量子理论。但我为什么还是不遗余力地坚持量子力学的观点，尽管我在这本小书中不能详细讲清楚，而且可能会使很多读者感到无聊？

量子力学是第一次从理论上解释自然界中所有原子集合的基本原理。海特勒—伦敦键是量子理论的特色，它并不是为了解释化学键而被创造出来，而是以一种有趣而费解的方式出现，根据完全不同的原因，使我们被迫接受。我们能够证明，它与目前观察到的化学事实完全符合，正如我所说，这是一个特例，可以肯定地说，在今后量子理论的发展过程中，"不会再发生了"。

因此，我们可以认为，遗传物质的分子说是不容置疑的。物理学上，这是能够证明持久性的唯一可能。如果德尔布吕克的观点是错的，那我们接下来的阐释就没有意义了，这是我想说明的第一点。

3. 一些传统的误解

也许有人会问：除了分子，真的没有其他持久性强的结构了吗？比如被埋在坟墓里几千年的一枚金币，不是很好地保存了印刻在上面的人像了吗？确实，一枚硬币包含数量庞大的原子，但这里，良好的持久性并不是因为原子的数量庞大。与此相类似的，一块漂亮的钻石也许在岩石里已经经历了好几个地质时期，但依然保持稳定。

接下来是我想说明的第二点。分子，固体和晶体并不是完全不同的物质，按照当代的科学知识来看，它们本质上是相同的。然而，学校里的教科书似乎还在传播过时已久的观念，模糊人们的认知，这真是一件不幸的事情。

确实，学校里没有教过，相对于液态和气态，分子的性质实际上更接近与固态。相反，学校不遗余力地教会我们如何区分物理和化学变化，比如在融化或蒸发的过程中分子是保持不变的（例如，无论是固体、液体或是气体酒精，包含的分子是一样的，C_2H_6O），而化学变化中，酒精的燃烧，

$$C_2H_6O + 3O_2 = 2CO_2 + 3H_2O,$$

在此反应中，一个酒精分子和三个氧分子作用，经过原子重新排列生成了两个二氧化碳分子和三个水分子。

教科书告诉我们，晶体内部构成了三维的周期点阵，单个分子的结构一般是可辨认的，就像酒精和大多数有机化合物一样，而在其他晶体，比如氯化钠（NaCl）中，分子无法明确辨认出来，因为每个钠原子整齐地被六个氯原子包围，或者说每个氯原子被六个钠原子包围，所以无论哪一对钠原子和氯原子，都可以被认为是氯化钠分子。

最后，教科书还告诉我们，固体可以是晶体，也可以是非晶体，这种非晶体固体我们称为非晶质。

4. 物质不同的"态"

现在，我也不会长篇大论来告诉你，这些说法和特征都是错的。从实用角度来看，它们有时候还是有用的。但从物质的结构这个角度来看，必须用一种完全不同的方式来划分界限，最根本的区别就在于以下两个等式：

分子=固体=晶体，气体=液体=非晶形

我们必须简要解释一下。这些所谓的非晶形固体，并不一定是固体，也不一定看起来是非晶形。在"非晶形的"木炭纤维中，石墨晶体的基本结构已经被X射线所发现。所以木炭是一种固体，也是一种晶体。对于没有发现晶体结构的物质，我们不得不把它们认为是一种"粘性"（内摩擦）极高的液体。没有明确的融点温度和潜热[1]，这种物质并不是一种真正的固体。当逐渐加热时，最终它会连续地液

---

[1] 潜热，相变潜热的简称，指物质在等温等压情况下，从一个相变化到另一个相吸收或放出的热量。这是物体在固、液、气三相之间以及不同的固相之间相互转变时具有的特点之一。固、液之间的潜热称为熔解热（或凝固热），液、气之间的称为汽化热（或凝结热），而固、气之间的称为升华热（或凝华热）。

化。（我记得第一次世界大战后期，在维也纳有人给我们一种沥青似的物体，作为咖啡的替代品。这种物质非常坚硬，必须用凿子或者小斧头才能切成小片，显示出一种光滑的，像贝壳一样的裂纹。但是，随着时间的推移，这种物质又变得像液体一样，紧紧塞满你的容器底部。所以如果你想保存几天再喝的话，就太不明智了。）

液态和气态的连续性众所周知。通过降低温度到临界点附近，你可以连续地液化任何气体。这里就不展开了。

5.真正重要的区别

有关上述等式的解释已经说了很多，但还漏了主要观点，也就是，我们希望把分子看作固体=晶体。

原因在于，不管构成分子的原子是多是少，和构成一个真正的固体——晶体的原子的性质完全一样。分子表现出的结构稳定性与晶体一样。就是这种稳定性，我们可以用来解释基因的持久性。

物质结构中真正重要的区别在于，原子之间是否被"起稳固作用的"海特勒—伦敦力结合在一起。在固体和分子中是这样的。但在由原子组成的气体中（比如水银蒸汽）它们并非如此。在由分子组成的气体中，只有分子中的原子之间是这样结合的。

6.非周期性固体

一个小分子也可以被称为"固体的胚芽"。从这样一个小固体胚芽开始，似乎有两种方式可以建立起越来越大的集合体。一种是相对单调的方法——从三个方向不断重复相同的结构。晶体的生长就是采用这种方法。周期性一旦建立之后，晶体的大小就没有确切的限制。另一种方法不采用重复的方式来建立越来越扩大的集合体。越来越复杂的有机分子就是很好的例子。其中的每个原子或原子团都有独立的作用，和其他的原子或原子团不一样（周期性结构中都一样）。或许我们可以称它为非周期性晶体或非周期性固体，同时得出以下的假说：我们相信一个基因就是一个非周期性固体（或许整条染色体纤维[1]就是一个基因）。

7. 压缩在微型密码中的丰富内容

人们经常会感到惊奇，受精卵核这么小的物质微粒，竟能包含生物体未来生长的所有复杂的密码！具有足够的抵抗力来持久地保持稳定，还可以提供多样化的（"同分异构的"）排列，在一个很小的空间范围内足以体现出一个复杂的"决定"系统，一个有序的原子团似乎是唯一能想到的材料结构。的确，在这种结构中，不需要很多原子就可以创造出几乎无限可能的排列，想想莫尔斯电报密码，只有两种不同的符号："点"和"划"，但每组不超过四个符号的有序组合就可创造出30种不同的信息。除了"点"和"划"，如果还可以引入第三种符号，每组不超过10个符号的排列组合就可以创造出88572种不同的"字母"；若有五种符号，每组25个符号排列组合，可能性就达到惊人的372529029846191405种。

也许有人反对，这个类比有漏洞，因为我们的莫尔斯密码也许有

---

[1] 众所周知，染色体纤维具有高度可挠性，就像细铜丝一样。——原注

不同的成分（比如..-和..-中点和划的数目不一样），所以用它来比喻同分异构体是不合适的。为了弥补这个缺陷，让我们从第三个例子中这样选取：每条信息的25个符号中，五种符号各有5个（5个点、5个划等，这样任意两条信息的成分就是相同的了），粗粗估算一下，组合数是62330000000000个，右边的几个零具体应该是什么数字，我不想花力气去算了。

当然，在实际案例中，绝不是原子团的每种排列都会代表一个可能的分子。而且我们也不必担心密码会被随意采用，因为密码本本身一定就是引起生长发育的操纵因子。但从另一个角度来看，上述例子中选用的数目（25个）还是很少的，而且我们也只不过设想了在一条直线上的简单排列。我们希望说明的只是，借助于基因的分子图像，微型密码能够精确地对应于一个高度复杂的特定发育计划，并且包含了使密码发生作用的手段，这一点已经不再是难以想象的了。

8. 与事实作比较：稳定的程度；突变的不连续性

最后让我们用理论设想和生物学事实比较一下。第一个问题显然是，这些理论设想真的可以解释得通我们观察到的高持久度吗？所需的阈值是平均热能kT的好几倍，这一点合理吗？在已知普通化学的范围内真的存在吗？这个问题其实并不重要，甚至不用查资料也可以肯定回答。化学家在某温度下分离出来的任何物质的分子都一定可以在那个温度存活至少几分钟。（这是说得比较保守，一般说来，它们的寿命要长得多。）所以，化学家所碰到的阈值几乎一定是正好可以解释生物学家也许会碰到的持久度，因为根据第四章第5节的内容描述，阈值在小范围内变化，比如增加一倍或减少一半，就会导致生命的长度从几分之一秒到数万年的变化。

为了今后参考，让我再回顾一下之前提到的例子。

当W/kT = 30, 50, 60时，

产生的生命长度分别是

1/10秒，16个月，和30000年，

在室温下的阈值则分别为

0.9、1.5和1.8电子伏。

需要解释一下"电子伏"这个单位。对物理学家来说相当方便，因为它非常直观。例如，第三个数字（1.8）就代表一个电子，被大约1.8伏左右的电压加速，就可以获得足够的能量去碰撞而引起跃迁。（为便于比较，一个普通小型手电筒的电池电压为3伏。）

根据这些理由可知，分子某个部分的异构变化是由振动能的偶然涨落所引起的，实际上是十足的罕见事件，可以解释为一次自发突变。因此，我们根据量子力学的原理，解释了突变中最惊人的事实，正因为此，突变才第一次引起了德弗里斯的注意，这个事实就是，突变是不出现中间形式的，而是"跃迁式"的变化。

9. 自然选择的基因的稳定性

因为任何一种电离射线都会导致自然突变率的上升，所以有人也许会认为，自然突变率的高低是由土壤、空气或宇宙射线的放射率所决定的，然而通过与X射线的定量比较，"自然射线"实在是太微弱了，只能解释自然突变中的一小部分情况。

如果我们用热运动的偶然涨落来解释自然突变的发生率，那我们就会释然了，因为自然界已经成功地对阈值做出了微妙的选择，这种选择的微妙必定使得突变的发生概率极其低下。正如前文所说，过多的突变对于进化来说是有害的。有些个体本身由于突变而获得不稳定的基因构型，并由于其突变的强烈程度直接影响到后代的生存概率，使得后代的生存机会微乎其微。于是，物种就会淘汰这些个体，从而通过自然选择把稳定的基因保存下来。

10. 突变体较低的稳定性

至于在我们的繁育试验中出现的、被我们选来作为突变体以研究其后代的那些突变体，当然不能指望它们都表现出很高的稳定性。因为它们还没有经受过"考验"——或者，如果已经受过"考验"了，却在野外繁殖时被"淘汰"了——可能是由于突变率太高的缘故。无论如何，当我们知道有些突变体的突变概率比正常的"野生"基因要高得多的时候，我们是一点也不感到奇怪的。

11. 温度对不稳定基因的影响小于对稳定基因的影响

这一点使我们能够检验我们的突变率公式：$t = \tau e^{W/kT}$

（我们还记得，t是在阈能为W时的突变期待时间。）我们想知道：t是如何随温度而变化的？从上面的公式中，我们很容易找到温度为$T+10$时的t值同温度为T时的t值之比的近似值

$$\frac{t_{T+10}}{t_T} = e^{-10W/kT^2}$$

公式中的指数是负数，比率当然小于1。温度上升则期待时间减少，突变概率就增加。这个结论现在可以检验了，而且已经在果蝇耐受的温度范围内，用果蝇作了检验。乍看起来，这个结果是出乎意料的。野生基因本来突变率较低，温度上升时突变率明显提高，可是一些已经突变了的基因因为本来突变率高，温度上升时，突变率却并未增加，或者说，增加相对较少。这种情况恰恰是我们在比较两个公式时预期到的。根据第一个公式，要想使t增大（稳定的基因）就要求W/kT的值增大；而根据第二个公式，W/kT的值增大了，就会使算出来的比值减小。（实际的比值大约在1/2到1/5之间。其倒数2－5是普通化学反应中所说的范霍夫[1]因子。）

12. X射线如何引起突变

现在我们说一说X射线引起的突变率，从繁育试验在我们可以推断两点，第一（根据突变率和剂量的比例），某些单一事件引起了突变；第二（根据定量的结果，以及突变率取决于累积的电离密度而同波长无关的事实），为了产生一个特定的突变，这种单一事件必定是一个电离作用，或类似的过程，又必须发生在只有大约边长10个原子距离的立方体之内。根据我们的设想，克服阈值的能量一定是由类似

---

[1] 雅可比·亨利克·范霍夫（Jacobus Henricus Van't Hoff，1852—1911）是荷兰物理化学家，第一位诺贝尔化学奖获得者。1852年8月30日出生于荷兰鹿特丹。他是立体化学、化学动力学和化学平衡领域中的先驱者，他发现了溶液中的化学动力法则和渗透压规律，为近代物理化学做出了重大贡献。

爆炸的过程，比如电离或激发过程所供给的。之所以称它为类似爆炸的过程，是因为一个电离作用花费的能量（顺便说一下，并不是X射线本身花费的，而是它产生的次级电子所耗用掉的），大家都知道，多达30电子伏。这样，在射线点周围的热运动必定是大大地增加了，并且以原子强烈振动的"热波"形式散发出来。不难想象，这种热波仍能供给大约10个原子距离的平均"作用范围"内所需的1电子伏、2电子伏的阈能，其实一个没有偏见的物理学家还能预测一个更小的作用范围。在许多情况下，爆炸的效应将不是一种正常的异构转变，而是染色体的一种损伤，通过精密的杂交，当未受伤的那条染色体（即第二套染色体中对应的那一条），被病态染色体所替换时，这种损伤就是致死的。所有这一切都是可以预期的，而且观察到的也的确如此。

13. 射线的有效性与自然突变率无关

对于其他一些特点，就算没有预测到，也是很好理解的。例如，在X射线照射下，一个不稳定的突变体并不比一个稳定的个体显出更高的平均突变率。无论阈能是大一点还是小一点，比如1伏或1.3伏，你也不能指望一个带有30电子伏能量的爆炸会造成多大的差别。

14. 可逆的突变

有时候，我们从两个方向来研究基因转化：从一个"野生"基因转化成一个突变体，以及从突变体转化成野生基因。在一些情形中，自然的突变率有时候几乎是相同的，有时候又很不一样。乍看可能有些难懂，因为需要克服的阈值看起来应该是一样的，但实际上是不同的，因为阈值需要测量原先构型的能级能量，而野生基因和突变基因的原先能级能量是不一样的。（见图12，其中1代表野生基因，2代表突变基因，2上面的短箭头告诉我们，它的稳定性是较低的。）

　　总的来说，我认为德尔布吕克的"模型"是经得起检验的，我们有理由在进一步的研究中应用它。

第六章　有序、无序和熵

身体不能决定灵魂去思考，灵魂也不能决定身体去运动、休息或从事其他活动。

——斯宾诺莎《伦理学》第三部分，命题2

1. 从模型得出的重要一般性结论

让我们回顾一下第五章第7节的最后一句话：微型密码能够精确地对应于一个高度复杂的特定发育计划，并且包含了使密码发生作用的手段。借助于基因的分子图像，这一点至少是可以想象的。这很好，但它又是如何做到这一点的呢？我们又如何从"可以想象的"变为真正的了解呢？

关于德尔布吕克的分子模型，在它整个概论中似乎并未暗示遗传物质是如何起作用的。确实，至少在近期，我并不指望能从物理学中得到这个问题的任何详细信息。但我相信，在生理学和遗传学的指导下，生物化学正在推进这个问题的研究，并将继续进行下去。

根据上述对遗传机制结构的简略描述中，我们很难得出遗传机制如何发挥作用的详细信息，这是显而易见的。但奇怪的是，从中还是可以得出了一个普遍结论，正是这个结论，我承认，就是我写作本书的唯一动机。

从德尔布吕克关于遗传物质的概述中可以看出，生物体在遵循现有的物理学定律的同时，也许还在遵循一些尚未发现的"物理学其他定律"；但是一旦这些新的定律被我们发现，它们将和以前所发现的定律一样，成为这门科学的一个重要的组成部分。

2. 基于"有序"的"序"

这是一条相当微妙的思路，不止在一个方面引起了误解。本书剩下的篇幅就是要澄清这些误解。在以下的论述中，可以看到一种粗糙的但也不无道理的初步观点：

我们所知道的物理学定律都是统计学定律，这在第一章里已做了说明。这些定律与事物倾向于无序状态的自然趋向有很大关系。

但是，为了解释遗传物质的微小尺寸与高持久性之间的矛盾，我们不得不"创造""分子"的概念来避免无序的倾向。实际上，不寻常的大分子一定是高度分化有序性的杰作，同时受到量子论这一魔法棒的保护。这种"设想的分子"并没有使得机会法则失效，只是修正了它的最后结果。物理学家对于经典物理定律被量子论修正（特别在低温情况下）的事实比较熟悉，这样的例子很多，生命就是其中最令人惊叹的一个。

生命似乎遵循着一种有序有律的行为，并非仅仅具有从有序转到无序的倾向，而是部分地保持着现有的秩序。

对物理学家来说——只对物理学家——我希望以下的文字可以让我的观点更加明确：生命有机体似乎是一个宏观系统，它的一部分行为接近于纯粹的宏观力学（与热力学相对），当温度接近绝对零度，分子的无序状态消除的时候，所有的系统都将趋向于这种行为。

非物理学家发现，他奉为圭臬的那些普通物理学定律，竟然都是基于物质趋向无序的统计学规律，这一点让他难以置信。在第一章中我已经给出例子，其中包含的基本定律就是著名的热力学第二定律（熵原理）和一样著名的统计学基础。在本章第3到第7节，我们可以完全忽略关于染色体、遗传等的相关知识，重点来探讨一下熵原理对生命有机体宏观行为的意义。

3. 生命物质避免向平衡衰退

生命的特征是什么？一件物体什么时候可以认为是有生命的？当它持续地在做某些事的时候，比如运动、与环境交换等，而且它"持续"的时间会比一块没有生命的物质在相似的情况下要长得多。当系统没有生命的时候，如果把它孤立或放置在一个均匀的环境中，由于各种摩擦力的作用，所有的运动都会很快静止下来；电势或化学势的差别消失了，形成化合物的倾向停止了，温度也因为热传导变得均匀。之后，整个系统都逐渐衰退成一团死寂的物质，最终到达一种平衡状态，没有任何可观察到的事件发生。物理学家把这种状态称为到达了热力学平衡，或"熵的最大值"。

在实际中，这种状态是很快可以到达的。从理论上来说，它往往还不是一种绝对的平衡，不是熵真正的最大值。但到达最后的平衡的过程是很慢的，可能需要花几小时，几年，甚至几世纪……举个例子——平衡过程还算是快的：如果一个杯子里装满清水，另一个杯子里装满糖水，把两个杯子一起放在密闭的盒子里，保持温度不变，一开始似乎没有任何变化，好像平衡状态已经到达了，但一两天之后，我们会发现，由于清水的蒸汽压较大，开始慢慢蒸发并凝结在糖水上，糖水溢了出来。只有清水全部蒸发时，糖才能真正平均地分布在所有液体中。

这些最终缓慢接近平衡的过程，绝不要误认为是生命，这里就不详细说了。我提它的目的在于让我的论述更加精确一些。

4. 生命以"负熵"为生

生命体能够避免很快地衰退为惰性的"平衡"态，这一点似乎成了难解之谜。如此神秘，以至于从远古时代，人类就认为生命体中存在某种特殊的非物质或超自然的力量（生活力、生机），在某些地区仍有人这么认为。

生命有机体到底是如何避免衰退的呢？答案显而易见：通过吃、喝、呼吸以及（在植物中存在的）同化作用。专业术语叫作新陈代谢。这个词来源于希腊语，意思是变化或交换。交换什么呢？最初的基本观点无疑是指物质的交换（例如，新陈代谢这个词在德文里就是指物质的交换），所以有人就认为物质的交换应该是最重要的东西，但这种说法是荒谬的。氮、氧、硫等的任何一个原子和它同类的任何一个原子都是一样的，把它们进行交换又有什么好处呢？过去有段时间，曾经有人告诉我们说，我们是以能量为生的。这样，我们的好奇心暂时满足了。在一些非常发达的国家（我记不清是德国还是美国，或者两个国家都是）的饭馆里，你会发现菜单上除了价目而外，还标明了每道菜所含的能量。不用说，这简直荒谬。因为一个成年有机体中所含的能量和所含的物质一样，都是固定不变的。既然任何一个卡路里跟其他任何一个卡路里的价值是一样的，那么，这样纯粹的交换有什么用处呢？

在我们的食物里，究竟包含什么珍贵的东西能够使我们免于死亡呢？这个问题很容易回答。每一个过程、事件、活动——你叫什么都可以，一句话，自然界中正在进行着的每一件事，都意味着那部分世界的熵的增加。因此，一个生命有机体总是不断地增加它的熵——或者说在增加正熵——并趋于接近熵的最大值，这个危险状态就是死亡。要摆脱增加正熵，比如说要活着，唯一的办法只能从环境里不断地汲取负熵——我们马上就明白负熵是十分积极的东西。有机体就是以负熵为生的。或者，更确切地说，新陈代谢的本质，就是使有机体成功地消除了生命过程中不得不产生的正熵。

5. 熵是什么？

熵是什么？首先我要强调，这不是一个模糊的概念或主意，而是一个可测量的物理量，就像棍棒的长度，身体各部分的体温，某晶体的熔点或是某物质的比热容一样。在绝对零度时（大约-273℃），任何物质的熵都为零。当你通过缓慢、可逆的小步骤改变物质的状态时（包括改变了物理或化学性质，或者分裂成好几个具有不同物理或化学性质的部分），它的熵是增加的。我们用每一步增加的热量除以提供热量时的绝对温度，再把求得的熵值相加，就得到了熵增加的总量。举个例子，当你熔化一种固体时，熵增加的量就是：固体的熔化热[1]除以固体的熔点温度。从中可以看出，熵的单位是卡/摄氏度（cal./°C），正如热量的单位是卡，而长度的单位是厘米一样。

6. 熵的统计学意义

为了揭开熵的神秘面纱，我已简单地提过它的技术性定义。这里对我们更为重要的是，有序和无序的统计学意义，它们之间的关系已经由玻尔兹曼和吉布斯在统计物理学方面所揭示。这也是一种精确的定量关系，表达式是：熵=$k\log D$，k是所谓的玻尔兹曼常数（=3.2983×10^{-24}卡/摄氏度），D是原子无序程度的量化值。想要用简短的非专业术语对D做出精确的解释是几乎不可能的。它代表的无序一部分来自热运动，一部分来自不同种原子或分子随机混合，比如上述例子中的糖分子和水分子，可以很好地说明玻尔兹曼等式。在那个例子中，糖逐渐"散布"到所有的水中，这个过程增加了无序程度（D），所以也增加了熵（因为D增加，$\log D$也一定增加）。同样清楚的是，热的任何补充都会增加热运动的混乱程度，也就是说，增加D同时也增加熵。下面这个例子更加清楚，当你熔化晶体时，因为你

---

[1] 熔化热是指单位质量的晶体在熔化时变成同温度的液态物质所需吸收的热量。也等于单位质量的同种物质，在相同压强下的熔点时由液态变成固态所放出的热量。

破坏了晶体中原本整齐的原子分子排列，使得晶体晶格成为一个持续变化的随机排列，所以D和熵一定会增加的。

一个孤立的系统，或一个在均匀环境内的系统，它的熵在不断增加，同时或快或慢地接近于最大值的熵的无生命状态。现在我们认识到，这个物理学的基本定律正是事物趋向无序状态的自然倾向（这种倾向，跟图书馆里的书、写字台上大堆的纸和手稿等东西一样，一定是逐渐趋向杂乱无序），除非是人为干预。（同不规则的热运动相类似的地方在于，我们不时地去拿那些图书杂志等，但又不肯花点力气去把它们放回原处。）

7. 从环境中获取"序"来维持的组织

我们都知道，一个生命有机体可以推迟进入热力学平衡的状态（死亡），我们该如何从统计学角度来描述它的神奇之处呢？我们之前说过："生命以负熵为生"，有机体似乎吸引了大量的负熵来抵消生存而产生的正熵，借此保持自身维持在稳定的低熵水平上。

如果D代表的是无序程度，那么它的倒数1/D就是有序程度的直接量化。因为1/D的对数（log（1/D））就等于D的负对数（–logD），所以玻尔兹曼的等式可以写成：

$$-(entropy)=klog(1/D)$$

所以"负熵"这个拗口的说法可以改进成：加上负号的熵，就是有序程度的一种量化。因此有机体能够维持自身处于高度有序状态（低熵水平）的秘诀就在于它能持续地从环境中汲取"序"。这个结论比初看起来要合理一些，尽管有人仍然觉得它无关紧要。确实，在高等生物中，我们知道它们吃各种各样"有序"而复杂的有机化合物，以此作为食物并从中汲取"序"。高等动物吃了这些食物后，排泄出来的是大大降解的物质——然而并没有完全降解，因为植物仍然可以继续利用。（当然，植物最重要的"负熵"来源是日光。）

第六章的注解

负熵的说法曾经一度遭到物理学界的怀疑和反对。首先我想说，如果想要迎合他们的心意，那我就应该用自由能这个概念来代替，这可比负熵的说法更容易接受。然而，从语言学的角度看这个术语与能量太接近了，使得普通读者不清楚它们之间的区别。读者们很容易简单地认为自由只是个形容词而已，没什么重要性，但事实恰恰相反，这个概念其实相当复杂。它与玻尔兹曼有序—无序的原理之间的关系比用熵和"取负号的熵"更难表达。顺便说一句，负熵的说法并不是我的原创，但它正好就是玻尔兹曼形成独到见解的关键。

但F. 西蒙非常中肯地向我指出，上述简单的热力学讨论并不能解释，为什么我们需要"吃各种各样'有序'而复杂的有机化合物"，而不是以木炭或钻石浆为生。他说得对，但对我忠实的读者，我必须解释一下。在物理学家看来，一块未燃烧的木炭或钻石，和燃烧所需要的氧气一样，都处于一种极其有序的状态。请注意以下事实：如果你让木炭燃烧反应发生，一定会产生大量的热量。通过把热量散发到环境中，整个系统抵消了反应引起的大量熵的增加，并达到了一种与反应前差不多的状态，熵基本没有变化。

但我们不能以反应产生的二氧化碳作为能量，所以西蒙向我指出这一点很有必要，也就是说，我们食物中的能量含量非常重要，而以木炭或钻石浆为食是十分可笑的想法。我们不仅需要能量来补充我们身体运动所消耗的机械能，还需要能量来补充我们持续不断向环境散发的热量。我们散发热量并不是偶然现象，而是非常重要的行为，通过这一过程，我们摆脱了身体活动中产生的多余熵。

这似乎告诉我们，恒温动物的体温越高，摆脱熵的速度也就越快，这样就可以进行更加紧凑的生活节奏。我不确定这个论述到底有没有道理（这是我的想法，不是西蒙的）。有人可能会反对，因为很多恒温生物还长有毛皮或羽毛来抵御热量的快速流失。所以我相信，体温和"生活节奏"的关系，也许必须根据范霍夫的定律来解释（第五章第12节提到过）：体温越高时，身体内的化学反应速度越快。（事实的确如此，已由变温动物的实验所证实。）

第七章　生命是基于物理学定律的吗？

如果一个人从不自相矛盾，原因一定是他几乎什么也不说。

——乌纳穆诺[1]

1. 有机体中可能存在新定律

总而言之，在最后一章中我想说清楚的是，根据我们对生物体结构的了解，我们必须相信，它是以一种不同于普通物理学定律的方式在运作，而非存在一种"新力"或其他什么来指挥生物体内单个原子的运动，根本原因在于生物体的结构与我们在物理实验室里进行实验的任何东西都不一样。简单地说，当一个只熟悉热机的工程师看到电动机结构的时候，他会认为，这是按照自己尚未理解的某种原理在

---

[1] 米格尔·德·乌纳穆诺（Miguel de Unamuno，1864年9月29日—1936年12月31日），著名作家、诗人、哲学家，"九八年一代"的代表人物之一。

工作。他发现水壶里的铜在这里变成了长长的铜丝，还绕成了线圈；杠杆、撬棍以及蒸汽缸的铁在这里却嵌填在那些铜线圈里面。但他相信，这是一样的铜和铁，遵循一样的自然规律。这点上他想得没错。结构的差异足够让他认识到这是两种完全不同的运作方式，所以尽管电动机是由开关控制，而非锅炉或蒸汽，他也不会认为电动机是由幽灵所驱动的。

2. 生物学现状回顾

随着研究的深入，生物体生命周期中的事件逐渐向世人呈现，显示出一种美妙的规律性和秩序性，与我们在无生命物质中遇到的完全不同。我们发现，所有的事件都受到一群高度有序的原子团所控制，尽管在每个细胞里它们只是原子总数中的很小一部分。此外，根据已经形成的关于突变机制的观点，我们推断，在生殖细胞内"占统治地位的原子团"中，只要少数一些原子发生转位，就足以导致生物体宏观的遗传性状中出现一个明显的改变。

这些无疑是当代科学所揭示的最吸引人的事实了。尽管现在看来有些匪夷所思，也许最终，我们会发现它们也并不是完全无法接受。一个有机体在它自身聚集"秩序流"，从而避免了衰退到原子混乱——从合适的环境中"汲取秩序"——这种惊人的天赋似乎同"非周期性固体"，即染色体分子的存在有关，它无疑代表了我们所知的最高度有序的原子集合体，比普通的周期性晶体高得多，这是由于每个原子和原子团在它的内部各自发挥着独立的作用。

简单地说，我们亲眼看到了现存的秩序显示了维持自身生命和产生有序事件的能力。这一点听起来很有道理，因为我们借鉴了社会团体和其他事件中生物体活动的经验，所以似乎有点循环论证的意味。

3. 物理学现状的总结

无论如何，需要反复强调的一点就是，事物的状态对物理学家来说既是不可信的，但也是令人激动的，因为这个理论史无前例。与普遍观念相反，由物理学定律控制的事件常规过程，绝不是有序的原子团产生的结果，除非原子团的构型反复出现，就像在周期性晶体或是大量单一原子组成的液体或气体中。

化学家进行离体研究一个复杂的分子时，也会遇到大量类似的分子。他利用现有的化学定律研究这些分子。在此过程中，他会告诉你，有一半分子在某个特殊反应开始1分钟后发生了变化，3/4的分子在2分钟以后起了反应。然而，如果你关注其中某一个分子的行为的话，要想预言这个分子到底起没起反应，这显然是不可能的，因为这纯粹是一个随机现象。

这不是一个纯理论猜测，也不是说我们永远观察不到单个原子或原子团的命运，有时候是可以的。但无论什么时候，我们观察到的都是完全的不规律，它们互相合作才产生平均意义上的规律。第一章中我们已经给出过例子。悬浮在液体中的一个小微粒的布朗运动是完全无规律的，但如果有许多类似的微粒，它们将会通过无规律的运动引起规律的扩散现象。

单个放射性原子的分裂是可观察的（它会发射出一个粒子，在荧光屏上显示出可见的闪光。）单个放射性原子如果不分裂，它的寿命可能比一只健康的麻雀要短得多。真的，关于单个放射性原子只能这样说：只要它活着（可能是几千年），它在下一秒钟里放射的可能性（不管概率是大还是小）总是相同的。这种特有的性质导致了大量同类的放射性原子都符合精确的指数衰变定律。

4. 鲜明的对比

在生物学中，我们面对的是一种完全不同的状况。根据一些微妙的规律，只存在于单个副本中的单个原子团产生了有序的事件，并与另一个副本和环境相互协调。我刚才说，"只存在于单个副本中"，因为我们有卵细胞和单倍体生物的例子。对于高等生物，副本的数量成倍增加。增加到什么程度呢？在成年哺乳动物体内，有大约10^{14}个那么多。那有多少呢？仅仅相当于1立方英寸（1.6387×10^{-5}立方米)空气中的分子数目的百万分之一。虽然数量非常多，但是聚集起来只是一小滴液体。我们还可以看一看它们的实际分布方式，每一个细胞正好包含了一个副本（或两个，如果你还记得两倍体）。如此看来，在独立的细胞里这个小小的中央机关拥有巨大的权力，就像是分布在全身的地方政府分支；它们通过共同的密码进行着便利的信息交流。

好吧，这个描述太有想象力了，简直像一个诗人而不是科学家说的话。其实，我们不需要任何诗人的想象力，只要有清楚和清醒的科学思维就可以认识到，我们现在面对的事件是由一种有序有律的"机制"所控制的，与物理学中的"概率机制"完全不同。我们只是观察到，每个细胞内的指导原则体现在一个副本（有时是两个）中的单个原子团上，创造出几近完美的有序事件。无论我们是觉得吃惊还是合理，高度有序的微小原子团能够以这样的方式运作，这种情况确实是史无前例，除了在生物体内，其他任何地方都没有。研究非生物的物理学家和化学家，从未见过需要用这种方式来解释的现象。由于这种情况没有出现过，所以我们现有的理论无法解释——美丽的统计学理论也不行。尽管如此，我们仍然以统计学理论为傲，因为它使我们看到了幕后的精彩，从原子和分子的无序中看到了精确的物理学定律的高度有序性，还因为它揭示了最重要、最广泛、无所不包的熵增定律[1]是无须特殊的假设就可以理解的，因为熵并非别的东西，只不过是分子本身的无序而已。

5. 产生序的两种方式

生命的发展过程中，序的来源与无生命体不一样。目前看来，有两种不同的"机制"可以产生有序事件：一种是"统计学机制"——"从无序中产生序"，另一种新机制是"从有序中产生序"。对普通人来说，无疑第二种机制看起来更简单，更可信。这也是为什么物理学家如此骄傲地赞同第一种，即"从无序中产生序"的机制，因为这才是自然遵循的法则，帮助我们如何理解自然事件的发展，首先就是它们的不可逆性。我们不能指望来源于此的"物理定律"去直接解释生物体的行为，因为物理定律最重要的特征很大程度上就是遵循"从有序中产生序"的法则。你也不能指望两种完全不同的机制可以

[1] 熵增定律是克劳修斯提出的热力学定律，克劳修斯引入了熵的概念来描述这种不可逆过程，即热量从高温物体流向低温物体是不可逆的，其物理表达式为：$S = \int dQ/T$ 或 $ds = dQ/T$。其中，S表示熵，Q表示热量，T表示温度。

引申出相同的定律，就像你不能指望你自家的钥匙可以打开邻居的门一样。

　　尽管用普通物理学定律来解释生命很难，但我们也不能失去信心。因为我们对生命体结构的了解甚少，所以这也是意料之中的事。我们必须努力去发现一种广泛适用于生命体内的物理学新定律，即使不说是超物理学定律，我们是否可以称之为非物理学定律？

6. 新原理并不违背物理学

　　不，我觉得不可以。因为涉及的新原理是真正的物理学原理：但在我看来，只不过是量子理论的再次出现罢了。为了解释这个想法，我们必须想一些办法，对原先的主张进行改良（即使谈不上修正），也就是说，我们现在必须强调，所有的物理学定律都基于统计学。

　　这一主张反复出现，不可避免地会引起争论。因为确实，有很多现象是明显地直接基于"从有序中产生序"的原理，看起来似乎和统计学或分子无序性毫无关联。

　　太阳系的秩序，行星的运动，几乎是永恒的，此时此刻的星座与金字塔时期任何时刻的星座的运行是几乎一样的，所以可以追溯过去，或预测将来。我们可以计算历史上日月食发生的时间，与历史的记载十分接近，甚至有时还可以帮助修改公认的年表。这些计算与统计学无关，它们只基于牛顿的万有引力定律。

　　一个正常走时的时钟或任何类似的机械装置是也与统计学没有关系。简而言之，所以纯机械运动无疑都直接遵循"从有序中产生序"的原理。如果我们提到"机械的"，这个词一定是从广义上使用的。

你们都知道，有一种很有用的时钟，是以电站有规则地输送电脉冲来运转的。

我想起马克斯·普朗克[1]写的一篇很有趣的小论文，标题是《动力学定律和统计学定律》，这两者的区别就在于我们之前讨论的"从有序中产生序"和"从无序中产生序"。这篇论文的目的就在于告诉大家，控制宏观事件的统计学定律，竟是由控制微观事件（如单个分子和原子的相互作用）的"动力学"定律构成。动力学定律可以通过宏观的机械现象来阐释，比如行星或者钟表的运动等等。

文章中说，这种被我们赋予神圣光环、解密生命线索的"新"原理——有序中产生序的原理，对物理学家来说一点也不新。普朗克甚至还想论证它的优先权。我们似乎从中得出了一个可笑的结论，即解密生命的线索竟然是建立在纯粹机械论的基础之上的，是普朗克所谓的"钟表装置"的基础之上的。在我看来，这个结论并不可笑，也不全错，只是我们必须持保留态度。

7. 钟的运动

让我们好好分析钟的运动，其实并不是纯机械现象。一个纯机械的钟不需要发条，也不需要上发条。一旦开始运动，将会永远运动下去。而现实中，没有发条的钟将在钟摆晃动几下后停止下来，它的

---

[1] 马克斯·卡尔·恩斯特·路德维希·普朗克（德文：Max Karl Ernst Ludwig Planck，1858年4月23日—1947年10月4日，享年89岁），出生于德国荷尔施泰因，德国著名物理学家、量子力学的重要创始人之一。普朗克和爱因斯坦并称为20世纪最重要的两大物理学家。他因发现能量量子化而对物理学的又一次飞跃做出了重要贡献，并在1918年荣获诺贝尔物理学奖。

机械能被转换成了热能。这是一个极其复杂的原子运动过程。物理学家对此作出的解释使他也必须承认相反的过程也不是完全不可能的：一个没有发条的钟突然开始走动了，能量来自于自身的齿轮和环境的热能。物理学家会说，这是因为这台钟经历了一次特别强烈的布朗运动。我们在第二章中看到，在一台灵敏的扭力天平（静电计或电流计）中，这样的情况时常发生，但对于钟来说是几乎不可能的。

钟的运动究竟是属于动力学还是统计学的有序事件（引用普朗克原文）取决于我们的态度。称它为动力学现象时我们关注的是，即使只有一根很松的发条，它依然可以克服热运动的微小干扰，保持规律的走时，所以我们常常忽略了热运动的存在。但如果我们还记得，没有发条时，钟会由于摩擦力的作用慢慢停止下来，所以我们只能把这个过程理解为一种统计学现象。

无论实际上摩擦力和热运动对钟的影响多么微不足道，我们也必须承认，没有忽视它们的第二种观点，即它是统计学事件的观点，是更为基础的观点，即使当我们面对由发条驱动的钟的规律运动，这个观点也是成立的，因为我们无法相信，这种驱动装置真的可以消除整个过程的统计学属性。传统的物理学设想应该包括以下的可能性：通过消耗环境中的热量，即使一个正常走时的钟也有可能会突然反转，向反方向运动，重新上紧发条，但这样的事件比没有驱动装置的钟突然"布朗运动大发作"的可能性还要更低。

8. 钟表装置的运动归根到底还是统计学

让我们回顾一下之前的论述。我们分析的这种"简单"的例子其实是很多其他情况的代表——实际上，所有貌似摆脱了分子统计原理的现象都是一回事。由实际物质构成（而非基于想象）的钟表装置不是真正的"钟表装置"。钟突然走错的概率尽管很小，但也一直存在。即使在天体运动中，也受到不可逆的摩擦力和热运动的影响。所以地球的旋转逐渐减慢，随之而来的是月球逐渐地远离地球，如果地球是一个完全刚性旋转球体[1]的话，就不会发生这样的情况。

然而事实是，"物理学钟表装置"显示了鲜明的"从有序中产生序"的特征，所以当物理学家在生物体中也发现了类似的情况时，他表现出了极大的兴趣。两者之间似乎多多少少有一些共同点，但共同点到底是什么，而使得生物体如此新奇独特的巨大区别到底什么，下文再说。

9. 能斯脱[2]定理

一个物理学系统（任意原子集合体）到底什么时候才能显示出"动力学理论"（按普朗克的理解）或者说"钟表装置的特征"呢？

---

[1] 即任何挠曲变形磨损都不存在的旋转体。

[2] 能斯特德国化学和物理学家。1864年6月25日生于东普鲁士布里森（今波兰翁布热伊诺）。能斯脱主要从事电化学、热力学和光化学方面的研究。1906年提出了所谓"热定理"（即热力学第三定律），断言绝对零度不可能达到。证明热定理可以用于从热化学数据直接计算范托夫方程中的平衡常数K。

量子论对此给出了言简意赅的回答，即在绝对零度的时候。无限接近绝对零度时，分子的无序运动停止，对物理运动不产生任何影响。顺便说一句，这个事实并不是由理论推导出，而是通过仔细观察在各种不同的温度下的化学反应，从而推导出在绝对零度时的情况——绝对零度不可能真正达到。这就是沃尔特·能斯脱著名的"热定理"，鉴于它的重要性，它被光荣地称为"热力学第三定律"（第一定律是能量定律，第二定律是熵定律）也毫不过分。

量子理论为能斯脱的实证定律提供了理性基础，也使我们能够估算，为了能显示出一种近似的动力学行为表现，系统需要接近绝对零度到什么程度？在实际中，什么温度可以相当于绝对零度？

绝不要认为这个温度一定非常低。实际上，就算在室温下，熵在许多化学反应中都是起着极其微不足道的作用，能斯脱的发现就是由这种事实启发的［让我回顾一下，熵是分子无序程度(D)的直接量度，即熵等于无序程度的对数，熵=k log D］。

10. 钟摆实际就在绝对零度下工作

对于钟摆来说呢？其实对于钟摆，室温就基本相当于绝对零度了。这就是为什么它的运动像是"动力学"事件的原因。如果给它降温（前提是你擦干了所有的油迹！），它依然继续摆动。但如果给钟摆加热超过室温时，它就无法继续了，因为会慢慢熔化掉。

11. 钟表装置与生物体的关系

这个话题虽然看起来微不足道，但我认为是最重要的一点。钟表装置可以像是"动力学"事件一样运行，因为它们由固体制成，通过伦敦—海特勒力而保持着一定的形状，足够坚固可以抵消在室温下热运动带来的无序趋向。

现在，不需要再说什么来揭示钟表装置和生物体之间的相似点了。相似点只有简单的一个：生物体也依靠一种固体（非周期性晶体）来构成遗传物质，以及摆脱热运动的无序性。我把染色体纤维称为"生命机器的齿轮"，这个比喻尽管不太恰当，但至少也有深刻的理论作为基础。

因为，我们确实不需要多少修辞来回顾两者的根本区别，也不必再用新奇独特来形容生物体了。

最突出的特征是：第一，在多细胞生物体内"齿轮"的奇妙分布，在本章第4节中我已经做了如诗般的描述；第二，单个齿轮的绝妙精巧让人不禁认为这一定是上帝的量子力学的杰作，绝非人类的粗制滥造。

后　记

决定论[1]和自由意志[2]

我不带有任何个人偏见地阐述了我们所关注的问题的纯科学方面，作为我辛苦劳动的奖赏，请允许我就这个问题的哲学方面谈谈个人纯主观的看法。

根据前面所述的证据，发生在生物体内，符合其思维活动、自我意识或其他行为的事件（考虑到它们复杂的结构和物理化学的公认统

---

[1] 决定论（又称拉普拉斯信条）是一种认为自然界和人类社会普遍存在客观规律和因果联系的理论和学说，其与非决定论相对。心理学中的决定论认为，人的一切活动，都是先前某种原因和几种原因导致的结果，人的行为是可以根据先前的条件、经历来预测的。

[2] 自由意志是相信人类能选择自己行为的信念或哲学理论（这个概念有时也被延伸引用到动物上或电脑的人工智能上）。通俗地说就是人希望不完全由大脑控制，人的自由意志拥有对人自身的最高管理权限，自由意志被认为对道德判断因而受到众多宗教组织支持。

计学解释），就算不是严格的决定论，无论如何也是统计决定论。我想对物理学家强调一点，与有些人的意见相反，我认为在这些事件中量子不确定性一般是不起生物学作用的。当然减数分裂、自然突变和X射线诱发突变之类事件除外，因为它们纯粹偶然的特性在这些事件中有可能因此加强。这一点是众所周知且为大家所公认的。

为了论证的方便，请允许我把这个决定论观点看成事实，如果对于"声称自己是一个纯机器"的论述没有清晰的令人不悦的感受，我相信任何没有偏见的生物学家都会这样看，尽管这样的论述是与直接内省所引申的自由意志相矛盾的。

然而直接经验本身，无论多么各不相同和多种多样，在逻辑上是不会互相矛盾的。所以让我们看一看是否可以从下面两个前提的基础上推出正确且不矛盾的结论：

1. 根据自然法则我的身体像一台纯机器一样运作。

2. 然而，通过不容置疑的直接经验，我知道自己在控制身体的运动，我能预见到每个动作的后果，包括一些生死攸关和极其重要的后果，而我能感觉到，我对这些后果负有全部责任。

我认为，从这两个事实得出的唯一推论就是，我——最广义上的我，即凡是说过"我"或感觉到"我"的每一个有意识的心灵——就是那个按照自然法则控制着"原子运动"的人。

在某些文化里，某些概念（那些曾经出现过，或者在其他民族中拥有更广泛的含义）已经被限定而变得狭义，所以想要用简洁的话来总结上述的推论是很冒险的。

就其本身而言，这句话的见解并不新颖。据我所知，最早的记载可以追溯到大约2500年以前，或者还要更早。根据早期的著名的奥义书[1]，印度思想中已经认识到阿特玛（我）=梵这一概念（即个人的自我等于无所不在、无所不包的永恒的自我），这一点儿也不渎神，而是代表了对世间事件最深刻洞察的精髓。所有吠檀多派[2]的学者，在学会说这句话以后，都努力地把这个最伟大的思想真正地融入心灵之中。

此外，许多世纪以来的神秘主义者，每个人都独立地，但彼此完全和谐地（有点像理想气体中的粒子），描述了他或她一生的独特经验。这些经验可以浓缩成一句话：我已成为上帝。

尽管叔本华和其他一些人支持这种思想，但在西方观念中，这种思想依然不为人所熟悉。让我们看看那些真正的情侣，他们互相凝视时，会意识到他们的思想和喜悦已经合二而一了——不仅仅是相似或相同；他们除了在感情上因为过于激动而不能从事清晰的思维，在这方面倒是和神秘主义者很相像。

请允许我再作进一步的评论。意识从来不会被多重体验，只可能被独立体验。即使在意识分裂或双重人格的病理事例中，两个人格也是先后交替出现的，绝不会同时出现。诚然，我们在梦中同时扮演多个角色，但也不是混乱无章的：我们总是其中的一个，总是以某个角色的身份直接行动和说话，而我们也常常热切地期待另一个人的回答或反应。梦中我们往往并不意识到恰恰是我们自己控制了这个角色的

---

[1] 印度最经典的古老哲学著作，用散文或韵文阐发印度教最古老的吠陀文献的思辨著作。已知的奥义书约有108种之多，记载印度教历代导师和圣人的观点。奥义书在很大程度上为后来印度哲学的基础。在哲学方面，奥义书特别注意实在的性质。关于独一至高存在本体的概念逐渐形成，以知识为求得与之融合为一的途径。

[2] 吠檀多派，印度婆罗门教六派哲学之一。印度哲学史上占统治地位的唯心主义哲学派别。亦称"后弥曼差派"或"梵弥曼差派"，与"前弥曼差派"或"业弥曼差派"相区别。吠檀多的意思是"吠陀的终极"，原指奥义书。

言行，就像我们控制自己的言行一样。

"多重"这一观念（奥义书的作者尤其反对这种观念）究竟是怎样产生的呢？我们知道，肉体是一块范围有限的物质，意识发现它自身同肉体的物理状态紧密相连，同时依赖于它。（考虑到在肉体发育期间心灵的变化，如在青春期、成熟期、衰老期等等，或者要考虑到发热、醉酒、麻醉和脑损伤等的影响。）现在的问题是，存在着众多相似的肉体。因此，意识或心灵的多重化似乎是一个呼之欲出的假设，或许所有纯朴坦直的人们和大多数的西方哲学家都接受了这个假设。

这个假设几乎直接导致了灵魂的发现——有多少个肉体就有多少个灵魂，同时也导致了这样的问题：灵魂是否也像肉体那样总是要死亡的？或者它们是否是永生的，能够依靠自身而存在？前一个问题是令人反感的；后一个问题则干脆忘记、忽视，或者否认了"多重假设"所依据的事实（即意识与肉体状态紧密相连且依赖于它）。人们还曾提出过不少更蠢的问题，例如，动物也有灵魂吗？女人有没有灵魂，是否只有男人才有灵魂？

但这些结果，尽管只是推测，一定会使我们怀疑"多重假设"，而所有的西方宗教中的正式教义都受到过这个假设的影响。如果剔除当中明显的迷信观念，保留其关于灵魂的多重性的朴素观念，同时又宣布灵魂是要死亡的，同各自的肉体一起死亡，那么，我们是不是更为荒谬了呢？

唯一的选择是单纯地相信直接经验，即意识是独立的，意识的多重则是未知的；这里只有一个东西，但看上去像有好多个，实际上这只不过是由一种错觉（梵文是"玛耶"，意即"幻"）产生的这个东西的一系列的不同方面而已。在有很多面镜子的房间里，也会产生同样的幻觉。从不同的山谷看去，高丽姗卡峰[1]和珠穆朗玛峰也像是同一个山峰，这也是一种幻觉。

当然，我们脑子里还有许多精心构思的灵异故事，妨碍我们去接受这种简单的认识。比如，据说在我的窗外有一棵树，但我并没有真正看见它。这棵树通过一些简单初级但巧妙的方法使它自身的映像投入了我的意识之中，那就是我所知觉到的东西。如果你站在我的旁边望着同一棵树，树也设法把一个映像投入你的意识。我看到的是我的树，你看到的是你的树（和我的树很像），而这棵树自身是什么我们并不知道。对于这种放肆的言论，康德是要负责的。对于相信意识是独立的人来说，他们的看法是，显然只有一棵树，而所谓映像的把戏不过是一个灵异故事而已。

然而，我们每个人都有无可争辩的印象，即他自己的经验和记忆的总和形成了一个统一体，与任何其他人都完全不同。他把这个统一体叫作"我"。这个"我"是什么呢？

我想，你如果认真地分析一下，你将会发现它只不过是许多单一资料（经验和记忆）的集合体，换句话说，它是一块聚集了这些资料的油画画布。而且，通过仔细的内省，你将发现所谓的"我"，其实也是聚集了这些资料的那种基质。若你来到了一个遥远的国家，看不到你所有的朋友，或许几乎把他们全忘了；你有了新朋友，就像过去同你的老朋友一道亲热地生活。在你过着新的生活的同时，你还记得起过去的生活，然而是否记得过去将会变得愈来愈不重要。你可以用第三人称来谈论"青年时代的我"；而你正在阅读的那本小说中的

---

[1] 喜马拉雅山脉上的一个山峰，高7146米。

主角，也许对你来得更亲切，肯定比"青年时代的我"更生动和更熟悉。实际上你并没有记忆的中断，也没有死亡。就算一个强大的催眠术者成功地完全抹去了你早期的全部记忆，你也不会觉得他杀死了你，绝不会有生命死亡的悲哀。

将来也永远不会有。

后记的注解

这里阐述的观点与阿道司·赫胥黎[1]最近恰如其分地称为长青哲学[2]的观点相似。这本好书《永恒的哲学》（由温都斯书局出版，伦敦，1946）特别适合解释物质的状态，同时也很好地解释了物质的状态为什么难以理解和易受抨击。

---

[1] 阿道司·赫胥黎（Aldous Leonard Huxley, 1894年7月26日—1963年11月22日），英格兰作家，属于著名的赫胥黎家族。祖父是著名生物学家、进化论支持者托马斯·亨利·赫胥黎（Thomas Henry Huxley, 1825—1895）。

[2] 根据阿道斯·赫胥黎（Aldous Huxley）的概括，"长青哲学"（Perennial philosophy）是指25个世纪来，"时而以这种形式，时而以那种形式，源远流长，无休无止"的一种普遍的世界哲学。

第二卷　意识与物质

泰纳讲座[1]

在剑桥大学三一学院的演讲，1956年10月

---

[1] 泰纳讲座（Tanner Lectures）由美国学者、实业家、慈善家泰纳资助的旨在体现和改进与人类价值相关的教育和科学研讨，是世界上极负盛名的教育类演讲。演讲包含了与人类环境、利益、行为和愿望相关的全部价值领域，每年集结成册出版。

献给我出色的挚友

汉斯·霍夫

感谢你卓越的奉献

第一章　意识的物质基础

1. 问题

世界是由我们的感觉、认知和记忆构造而成。就其本身而言，世界更容易被理解成一种客观存在。但是世界必定不会通过它单纯的存在而显现出来。世界能否显现是要取决于这个特有世界里非常特别的部分所做的非常特别的举动，换句话说大脑中发生的某些事件。这是个非常特殊的定义，引出了以下这些问题：是什么特别属性使得这些大脑活动区别于其他活动并使得这种活动能够显现出这个世界？我们能否猜测哪些物质过程拥有这样的能力，哪些没有？或者更简单点：是什么类型的物质过程直接与感知有关系？

理性主义者也许倾向于简略地处理这些问题，大致如下面这样：从我们自身的经验以及高等动物相类似的行为，在有机体，生命物质中，意识与某些种类的事件相关联，也就是与某些神经功能有关。动物界中回溯到哪个低级阶段仍然有产生意识的功能，在初级阶段这些意识又是什么样的，这些都无法推测，这些回答不了的问题应当留给那些无事的空想家了。至于其他形式的事件，如无机物中的活动与意识通过某种方式有关系，这是无稽之谈，更不用说所有的物质活动了。上文的这些问题都是纯粹的空想，无可辩驳，也无法证明，同样对我们的认知也没什么价值。

那些将问题搁置一边的人应当被告知他们的世界中被允许存在着神秘的空白区。由于神经细胞和脑部特定有机组织的发现是非常特别的活动，这些活动的含义和重要性很好被人理解和接受。这是个适应环境变换的机理，通过这个特别的机理，个体切换相应的行为来响应变换的情境。这是所有机理中最复杂且最具独创性的，无论在哪里这个机理都能迅速获得主导地位。但是，它不是独一无二的。大的生命群体，尤其是植物，可以一种全然不同的方式实现非常相似的性能。

我们是否准备好相信高等动物的进化所表现出的这一转折点是这个世界能够用意识的光辉照亮自身的必要条件？尽管这一转折点看不见摸不着，但如果不是这样的话，世界就成了一部没有观众的剧目，如此的话世界不存在的说法就非常合理了。如果真的这样，这个世界一切美好的图景都将消失。我们应该迫切找出打破僵局的方法，而不能因为害怕招致那些聪明的理性主义者的嘲弄而驻步不前。

斯宾诺沙认为每一种物质或者存在都是上帝对无限物质的改造。他用自己的属性诠释了自身，尤其是那些具有广延属性和思维属性的物质。首先是他在时空中客观存在，其次是人类或者动物的思维属性。但是，斯宾诺沙认为没有生命的有形物体也是具有思维属性的。"全宇宙的物体都具有意识"这个大胆的观点至此被提出，虽然不是

第一次提出，甚至不在西方哲学体系中。早在两千年前，伊奥尼亚[1]
的哲学家们就有了这种意识并命名为万物有生命论。

继斯宾诺沙之后，天才G.T.费希纳没有因为给植物、地球、行星
系赋予灵魂而感到胆怯。我个人并不认同这些奇思妙想，但是我也判
断不出是G.T.费希纳还是唯心主义者更接近真理。

2. 一个尝试性回答

我们可以看到，所有在意识领域方面的深入尝试都会自问是否
有其他种类物质比神经活动与意思更合理相关，使得我们常常陷入无
法证明和无法推测的境地。但是我们换一种角度思考也许会使得论证
更可靠。不是每次神经活动，甚至不是每次大脑的无意识活动都有意
识的产生。他们中的大部分都未伴随意识的产生，虽然这些活动在生
理学上和生物学上与伴有意识产生的活动非常相似，在输入脉冲伴随
的输出脉冲频率上以及他们系统内的反应控制和时间调节还有部分是
有助于适应变换的环境。首先，我们在这里碰到的是脊椎神经节的反
射动作和他们能控制的部分神经系统。同样（这块我们将专门研究）
大量的反射活动存在并经过大脑，却并没有把这些反射活动分成有意
识部分或者有任何中断来做这项活动。因此，在后者当中区别并不明
显，总是有介于完全有意识和完全无意识当中的情况发生。通过检查
我们体内各种各样有代表性的非常相似的生理学进程，通过观察和推

---

[1] 伊奥尼亚（Ionia，一译"爱奥尼亚"，古地名）是古希腊时代对今天土耳其安
那托利亚西南海岸地区的称呼，即爱琴海东岸的希腊爱奥里亚人定居地。其北端约位于今
天的伊兹密尔，南部到哈利卡尔那索斯以北，此外还包括希奥岛和萨摩斯岛。

理寻找到的这些显著特点，应该不难发现这一点。

依我的看法，我们可以在下面这些著名的案例中找到答案。在任何成功的事件当中，我们的感觉、认知和行为参与其中，当同样的一系列事件高频重复时，这就超出了意识所控制的范围。但是，如果场地或者环境相比之前都发生了变化，那么这又是属于意识领域的范畴了。即使如此，首先无论这些改变或者差异怎样进入意识范围，这些改变都使得新的发生率与之前的明显区分开来，因此常常需要"新的考虑"。我们中每个人都能从个人经验中找到许多这样类似的例子，因此对于上述这些情况我就不再一一列举了。

对于我们精神生活的整个构造来说，意识的逐步淡化意义重大。这种意识淡化完全基于不断重复来获得经验，理查德·塞蒙[1]把这一进程概括为记忆基质，我们将在下文进一步论述。单个个体不能重复的经验在生物学上是不能被广泛适用的。生物学价值在于对于一定的情境下学习合适的反应，这一特定情境一次又一次的重复之后，已经变成了一种惯例，大多数情况下是周期性的，并且如果有机体位置不变，相同的反应将一直进行下去。现在从我们自己内在的经验能够知道下面的情况。在起初的一些重复条件下，一个新的元素出现在我们的脑海中，理查德·艾温纳瑞斯[2]称作这一现象为"已知"或者"节点"。在频繁重复的条件下，整个事件越来越变成日常惯例，也变得越来越无趣，随着意识的逐步淡化，这一行为反应也变得更加可靠。比如男孩子背诵诗歌，女孩子演奏钢琴奏鸣曲都是很好的例子。我们

---

[1] 理查德·塞蒙（1859年8月22日—1918年12月27日），德国动物学家和进化论学家，对记忆进行了专门研究。

[2] 理查德·艾温纳瑞斯（1843年11月19日—1896年8月18日）德裔瑞士哲学家。

沿着熟悉的道路去单位，从习惯的路口穿越马路进入小巷等这些例子，当在这些时候时我们的思想通常在想着完全不同的事情。但是每当情境发生改变，比如我们过去经常走的马路不见了，我们不得不绕道而行，这样的差别和我们作出的应对就进入了意识的范畴，但是随着这些差别成为一种常态，那么这些意识活动也将很快衰减。面对变化的替代情境，分歧点不断发展并且可能被以同样的方式固定下来。我们会毫不犹豫在岔路口选择正确的去往大学报告厅或者物理实验室的小路，前提是这两个地方都是我们经常去的。

这些数量庞大的各种各样的反应、分支的不断变化之间互相叠加错综复杂，但是只有最近期的才会停留在有意识的范畴内，因为最近期的变化中生命物质还处于学习或者练习的阶段。也许你可以将意识比喻成一位监督生命物质的家庭教师，他却让他的学生们单独处理工作，当然这些工作老师已经大量训练过了。但是我要强调这仅仅是一个比喻。事实是那些新的情境和新的回应才处在有意识的范畴内，而那些老掉牙的和已经熟练练习的回应则已不在意识范畴内了。

日常生活中成百上千的操作和演出我们都不得不学习一次，这些学习都需要我们极大的专注和无微不至的关心。就像一个小婴儿第一次尝试走路，这个过程中他们的意识高度集中，第一次的成功会让他们欢呼雀跃。当成年人系鞋带、开灯、晚上脱衣服、用刀叉吃东西等，这些操作也许当初他们要非常辛苦的练习才能学会，然而现在却丝毫不会打扰他做这些操作的同时考虑别的事情。这也或许偶尔导致了一些笑话的产生。有个故事是关于一位著名的数学家的，在他的家中举办晚会，客人们都到了，但数学家不见了，据他的妻子说他被发现已经躺在了床上，灯也关掉了。到底发生了什么呢？原来是数学家回卧室换新领带，但是仅仅是脱掉旧领带的动作已经在数学家的意识中根深蒂固，这个行为也激发了一系列已经习以为常的操作。

依我看来，我们众所周知的一系列个体事件，比如心脏的跳动，胃部的蠕动，等等，更加阐明了无意识神经活动的系统发育。面临近乎不变或者有规律的变化环境下，他们已经能够训练有素，因此，很久以前他们已经不在意识的范畴之内了。不过我们也发现了中间状态的存在，例如呼吸通常都是在我们不察觉当中发生着，但是当情境发生变化，比如在浓烟空气中或者遭受哮喘，那么呼吸就会被有意识的修改了。另外一个例子是由于悲伤、喜悦或者身体疼痛使得我们流泪，这个事件虽然是有意识的，但很难被我们的意志所影响。同样的一些可笑的遗传特性也会自然而然地出现，如害怕时我们汗毛竖立，兴奋时停止分泌唾液等，这些在过去一定有着重要意义的反应现在已经消失了。

我怀疑并不是所有人都准备与我一起进入下个步骤，因为下个步骤中将不再局限于神经活动而会由其他的延展性概念构成。我暂时仅简略地做些提示，尽管这些对我个人来说是最重要的一点。因为这些延展性概念恰恰会使我们更清楚当初提出的问题：什么物质事件与意识相关联，或者什么物质事件伴随着意识的产生，哪些物质事件没有这种特征？答案就在下面：我们之前阐述并展现给大家的神经活动特性通常是一种有机体活动特性，也就是，当这些有机体活动特性是新产生的时候与意识有关联。

在理查德·塞蒙的著作中，大脑甚至整个个体都是由记忆遗传的一系列重复的事件产生的，这些事件大都以同样的方式发生1000多次。以我们自身的经验可知，人类最初在母亲子宫内是不会产生意

识的，甚至生命在出现几周、几个月后意识大多处于沉睡状态。这个
阶段，婴儿维持着旧的身份和习惯，这些旧身份和习惯中遇到有变化
的差异的情况是很少见的。只有当器官逐渐开始与周边的环境相互作
用，并调整自身的功能以适应变化，接下来器官的发育才会伴随着意
识的产生，器官发育不断受到环境的影响，经历长时间训练，最终被
环境改进成一种特殊的方式。我们高等脊椎动物在神经系统中就拥有
这样的器官。意识与这些器官相关联，这些器官通过不断与环境相互
作用的经验使得自身不断适应变化的环境。神经系统是我们人类物
种一直处在进化的部位，就像茎干的顶端。因此我的假设可以归纳如
下：意识与生命物质的学习相关联，但是怎样学习是无意识的。

3. 伦理观

最后的概括对我来说是非常重要，但别人也许仍半信半疑，我描
绘出的意识理论对科学理解伦理观似乎也提供了帮助。

古往今来，每一个民族都遵守着一种自我否定的道德规则。道德
教育总是假定了需求的形式，挑战的形式，还有你应该如何的形式，
可是这些形式往往与我们的原始意图相背离。在"我要"和"你应
该"之间竟出现了一种奇怪的矛盾。我应该压制自己的原始欲望，否
认自我，放弃真我，这难道不可笑吗？事实上在当今社会，也许比以
往更多的人对道德教育嗤之以鼻。"我就是我，我需要充分发挥我的
个性！自由发展我与生俱来的欲望！所有反对我这么做的要求都是荒
谬的，都是传教士的谎言。上帝是自然的，自然既然创造出了我，那
么我就是自然想要成为的样子。"这些口号你偶尔会听到，驳倒他们

这种简单的甚至不讲理的粗陋观点并不容易。康德的道德律令[1]都被这些人公然地认为是荒谬的。

幸运的是这些口号的科学基础却是破烂不堪的。我们对有机体内进化的深刻了解使得我们更加容易理解我们的意识生活事实上是一直与我们的原始欲望作持续对抗的。对于我们的自然本性，我们与生俱来的原始欲望与从祖先那里继承的物质遗产在心理上存在明显关联。如今，作为一个处于不断进化中的物种，我们坚定地走在进化的前沿阵线；从而人类生活中的每一天都体现我们在一点一点进化，这样的进化是全速前进的。人类生活的每一天甚至是任何个体整个的生命期都只是在一件永远无法完成的雕像上进行细微雕刻。但是过去我们经历过的庞大进化同样也带来了无数次这样细微的雕刻。可以遗传的突发变异是这种转变的媒介以及进化发生的前提。但是，突变载体的行为以及他的生活习性在进化过程中是非常重要的且具有决定性影响的。否则，即便在漫长的时空中，我们也不能理解为什么原始物种要如此进化。

因此，在我们踏出的每一步，生活的每一天中，我们曾具备的形态都将不得不改变，被战胜，被删除以及被新的形态所替代。我们原始意志的抵制与现有形态对于转变雕刻的抵制在心理上是相关的。因此我们自己既是凿子也是雕塑，是征服者同时也是被征服者，这是一个真正地不断持续地"自我征服"的过程。

与个体的生命跨度，甚至是历史时代相比来说，进化的过程是非

---

[1] 道德律令，译"道德法"或"道德律"。是指德国康德用语。指先天的可作为道德基础的普遍法则与条件。康德的批判哲学认为道德的形成不是基于个人的、特殊的、经验的感情，而是根据存在于一切道德判断基础上的先验法则，只有从纯粹理性指导的意志引出的先验法则，才能适用于一切时代和一切人。

常缓慢的，认为进化过程与意识直接相关难道不荒谬吗？进化过程是否只是在默默进行？

不是。受我们之前考虑结果的启发，事实并非如此。他们一致认为意识与生理活动相关，并且认为这种关系随着与变化的环境之间的相互作用也会持续不断的转变。此外，我们还推断出，只有那些仍处于训练阶段的调整才会被人意识到，直到一段时间后，它们才会成为一个物种可固定遗传的、训练有素并且无意识的财富。简而言之：意识是进化范畴内的一种特征。只有发展，产生新的形式，这个世界才能照亮自己。停滞的地方从意识中消失，只有当他们与进化相互作用时也许才会再次显现。

如果以上的说法是正确的，那么即使意识和个体的欲望不一致，他们也必须不可分割地被联系在一起，可以说是他们成比例共存。这听起来很矛盾，但是所有时代、所有民族的智者们都已经证实了这一点。世界为人类点亮了闪耀的意识之光，而人类用生命和语言塑造和改变着我们称作人性的艺术作品，并用演说、写作甚至用他们珍贵的生命去证明。人类比其他物种承受更多因为内心矛盾而带来的痛苦。让这给予那些仍然遭受这样痛苦的人们一丝安慰吧。没有痛苦，进化则终止。

请不要误会。我是科学家，不是道德老师。不要认为我会提出人类向更高层次进化的建议，以此来有效传播道德准则。我也不能这么做，因为这本来就是一个无私的目标，动机公正，这样正直的前提下这个道德准则终将被大家接受。和其他人一样，我也感到很难解释康德关于"应该"理论的规则。在这个道德准则中最简单普遍的形式就是不要自私，这是一个事实，道德准则就在那里，甚至那些不经常遵循它的大多数人也对此表示认同。我把这令人迷惑的存在看作是我们人类从最初的利己主义者向利他主义生物转变的一种迹象，也是人类开始形成社会动物的象征。对于独居的动物来说，利己主义具有维持和推动物种发展的优势，而在任何群落体系中，利己主义则是毁灭性的缺点。物种在形成的初期阶段要是没有非常严格的利己主义就会很快消亡。很早就进入系统性进化阶段的物种，比如蜜蜂、蚂蚁和白蚁早已完全放弃了利己主义。但是，他们的下个阶段，民主利己主义或简称为民族主义在它们当中仍然很盛行。比如说，一只工蜂若进入了别的蜂巢，那么它将被毫不犹豫的原住民杀死。

　　现在似乎在人类身上看到了不同寻常的东西。在第一次优化的基础上，甚至第一次优化还远未完成前，沿着相似的方向第二次优化的痕迹已显而易见了。尽管我们仍然热衷于利己主义，但我们中很多人开始意识到民主主义同样具有类似的不足，应该被抛弃。这样也许会产生很奇怪的现象。第二步，事实上第一步还远远不能实现，利己的动机仍然有着强烈的吸引力，反而促进各民族之间的斗争能够被和解。我们每个人都害怕被可怕的新式武器攻击，因此各民族之间都渴望长久的和平。如果我们是蜜蜂、蚂蚁或者古代斯巴达的勇士，对害怕毫无知觉并且把怯懦看作是世界上最耻辱的事情，那么人类将永无宁日。但幸运的是我们是懂得懦弱的人类。

　　对我而言，这章的思考和总结是很老套的，可以追溯到30年前。我从未丢弃他们，但我很担心它们免不了要被驳倒，因为他们是基于"获得性遗传特征"即拉马克主义理论的。而这一点我们很难接受。然而即使丢弃了获得性遗传特征理论，换句话说接受了达尔文的进化论，我们也会发现一个物种个体行为对进化趋势的重大影响，有点伪

拉马克主义。这点我们将引用朱利安·赫胥黎的观点，在下一个章节
中给予说明，这个说明主要考虑一个细微不同的问题，同时还支撑上
面提出的观点。

第二章　理解的未来[1]

1. 生物学走入死胡同？

"我们对世界的理解已到了确切的终极阶段，任何方面看都已到达极限。"我相信这样的说法是极其荒谬的。我这样讲不仅仅是强调我们在各种科学领域的不断研究，更是强调我们的哲学研究和宗教努力也很可能会提高和拓宽我们目前的眼界。或许在接下去的2500年中，我们用这种方式获取的知识与我现在提到的相比根本微不足道。（想想在普罗塔哥拉、德谟克里特、安提西尼之后我们取得了什么成就？）根本没有理由相信，我们的大脑是世界上最高等的思维器官。或许存在另一种生物，也有类似大脑的精巧装置，它们的大脑跟我们的相比，就像是我们和狗或是狗和蜗牛的大脑之间区别那么大。

---

[1] 本章的内容来自于BBC欧洲台在1950年9月首播的三个系列演讲，后又收录到《生命是什么》和其他论文中。——原注

如果真是这样，尽管与我们的论题并不相关，这一点仍会引起我们的兴趣，似乎为了满足个人的好奇心，我们想知道在地球上这样的事情是否会发生在我们的后代身上。地球肯定没问题，它年富力强，我们花了差不多10亿年从最初的生命形态进化成现在的模样，未来10亿年，地球仍然可以为我们提供适宜的生存环境。但我们自己呢？如果我们接受进化论——目前也没有更好的理论——我们未来似乎已经没有多少进化空间了。人类还会有身体上的进化吗？我指的是我们体格上像遗传性状一样逐渐固定下来的相关变化，正如我们的身体已由遗传（或者按生物学家的专业术语，由基因型变化）所固定了一样。这个问题很难回答，我们也许正在接近死胡同的尽头，或许已经到了尽头。这并不是一个罕有的事件，也不意味着人类很快就要灭绝。从地质记载中我们知道，一些物种甚至很大的种群很久以前就到达了进化的终点，但它们并没有灭绝，而是几百万年来形态保持不变，至少没有明显的变化。例如，乌龟和鳄鱼就是这样非常古老的物种，可谓来自远古时期的活化石。我们也知道，昆虫也几乎是相同的情况。它们组成了一个巨大的独立种群，数量比其他所有动物加起来的总和还要多。但它们几百万年来它们的形态几乎保持不变，而地球上的其他生物则经历了面目全非的形态变化。昆虫停止进化的原因可能是——它们采纳了这样的方案（别误解这个比喻的说法）——它们采纳了把骨骼长在体外的方案，而不像我们的骨骼长在体内。这样一个体外的盔甲，给它们提供了力学稳定性，却无法像哺乳动物一样，骨骼随着个体从出生到成熟不断生长。这必然导致在个体的生命史中很难发生缓慢的适应性变化。

至于人类，有好多事实似乎都在妨碍人类的进化。在自发的遗传变化（现称为突变）中，根据达尔文的理论，总是会自动选择最适合的那种。一般来说，这种突变的进化幅度很小，益处也甚微。所以在达尔文的推导过程中，生物的后代数量必须非常多，这一点很重要，因为只有非常小的一部分能生存下去，也只有这样，有益的突变才能保留下来，生物才能持续地进化和改良。但这一整套机制在现代人类这里就行不通了，在有些方面甚至被反转。一般来说，我们不希望看到我们的同类痛苦和死亡，所以我们总是引进各种法律和社会制度来保护生命：我们禁止有计划的杀婴，尽力拯救每一个病弱的人。而从另一方面说，这些法律和社会制度替代了自然选择，让弱者活了下来；还通过一些手段控制后代数量，如计划生育等直接方法，或禁止大量的育龄妇女生育。甚至有时候——我们这代人再熟悉不过的——疯狂的战争及其带来的灾难和错误在一定程度上控制了人口数量。数百万的成年男女和儿童死于饥饿、遗弃和传染病。而在远古时期，小部落或氏族之间的战争被认为有积极的选择价值。在历史上战争是否真的有积极价值仍是值得怀疑的，但如今的战争无疑是绝对没有价值的，因为它是一种不加选择的滥杀，正如医药技术的进步带来的不加选择的救赎一样。尽管在我们认为两者在道德上完全对立，但不管战争还是医术，都不具有任何选择价值。

2. 达尔文主义明显的悲观情绪

以上这些考虑表明，作为一个发展中的物种，我们已处于停滞状态，生物学上进一步发展的前景也很渺茫。即使真是这样，我们也不必担忧，就像鳄鱼和很多昆虫一样，也许我们不需要任何生物学变化也可以生存数百万年。从某种哲学的观点来看，这个想法仍旧令人沮丧，所以我应该试着举一个反例。为此我必须从进化论的某一方面开始着手，于是我从朱利安·赫胥黎[1]教授的名著《进化：现代综合》中找到了突破口，他在这方面的观点无法得到近代进化学者的全盘支持。

由于生物在进化过程中明显的被动性，对达尔文理论的通俗解读易于给我们留下一个忧郁和悲观的印象。突变自发地发生在基因组——遗传物质中。我们有理由相信，它们的运动主要是受到物理学家所说的热力学涨落的作用——或者说，完全随机。个人对从父母那里继承和传递给子女的遗传信息没有一丁点儿影响，产生的突变遵循"适者生存"的法则。这看起来也像是完全随机，因为这意味着一个有利变异可以增加个体生存和繁殖的概率，同时也可以把这个基因遗传给后代。除了这一点，个体生命中的任何活动似乎都与生物学无关，都不会对后代产生影响：后天的性状不能继承，任何后天获得的能力或训练都会消失，没有任何痕迹，随着个体的消亡而消失，不会遗传。一个聪明人遇到这种情况总会认为，自然好像在拒绝他的合作，她总是自作主张，而个体生命注定只能无所作为，陷于虚无。

我们都知道，达尔文的理论并不是第一个关于进化的系统理论。在它之前还有拉马克[2]的理论，该理论完全基于这样的设想：个体通过特定环境或行为在繁殖之前获得的任何新性状，能够而且确实常常

---

[1]　朱利安·赫胥黎（Sir Julian Sorell Huxley，1887年6月22日—1975年2月14日），英国生物学家、作家、人道主义者。他曾担任动物学社会伦敦书记（1935—1942年），第一届联合国教育科学文化组织首长（1946—1948年），亦是世界自然基金会创始成员之一。作为生物学家，他提倡自然选择，亦是现代综合理论中在20世纪中叶的一位重要人物。

[2]　拉马克（Jean-Baptiste Lamarck，1744年8月1日—1829年12月18日）是法国博物学家，生物学伟大的奠基人之一。他最先提出生物进化的学说，是进化论的倡导者和先驱。

遗传给后代，就算不是完全遗传，至少也会留下痕迹。所以，如果生活在岩石或沙土附近的动物在脚底长出了保护性的茧，这个性状会逐渐具有遗传性，所以后代不需要经历任何磨砺就能免费获赠这个礼物。同样的道理，力量、技能甚至由于持续使用某器官而致其产生的适应性改变都不会消失，都会遗传下去，至少是部分遗传给后代。地球上所有的生物，都为了适应环境而进行了极其精妙的特定改变，拉马克的理论为此提供了简单的解释。与此同时，他的理论前景美好，令人欢欣鼓舞，显然比达尔文学说所描绘的那幅悲观无奈的情形更具有吸引力。根据拉马克的理论，一个智慧生物如果把自己看作是进化长链中的一环，会很自信地认为他为提高自身能力所做的努力，不管是身体的还是精神的，在生物学意义上都不会消失，虽很微小，却是物种向越来越完美的方向的进化过程中的一部分。

　　遗憾的是，拉马克学说是站不住脚的。它的基本假设，即获得的性状可以遗传的说法是错误的。就我们目前所知，获得的性状是不遗传的。进化的每一步只能通过那些自发偶然的突变才能实现，个体生命过程中的行为对进化没有任何影响。我们好像又被推回到了达尔文学说的悲观情绪中去了。

3. 行为影响选择

　　我现在想告诉你的是，事实也并不完全如此。还是根据达尔文理论的基本假设，我们可以看出，个体的行为和个体运用自身能力的方式，在进化中扮演着重要的角色，甚至可以说是最重要的角色。拉马克观点中有一个要点非常正确，即，某个器官、任何性状、能力或是身体特征的功能（实际运用）和它们的在世代遗传过程中的发展（逐渐改善）之间存在着无法否认的因果关系。我认为，这种在使用和发展之间的联系是拉马克理论中非常正确的认识，在当前的达尔文理论中也同样存在，但如果对达尔文理论理解不够深入，就很容易忽略掉这一点。事件的发展过程几乎和拉马克说的一样，只是其中的"机制"比拉马克想得更复杂。想把这一点解释和理解清楚并不容易，所以我们先把结果总结一下，应该会有助于理解。为避免抽象，我们可以设想一个器官，对应的特征可能是该器官的任何性状，习惯，结构，行为，甚至是它的任何补充或修饰。拉马克认为事件的顺序是：该器官（a）被使用，（b）得到改进，然后（c）改进传递给后代。这是错误的。我们认为正确的顺序应该是：该器官（a）经历偶然突变，（b）有益的突变通过自然选择得到累积或增强，（c）这一过程代代相传，被选择的突变构成了持续的进化。根据朱利安·赫胥黎的观点，拉马克学说中最值得注意的想法是，当启动进化程序的变异刚出现的时候，它们并不是真的突变，也不可遗传，但如果变异是有益的，也许会被他所谓的"器官选择"所加强，可以说，它们为真正突变的使用铺平了道路，因为当真正的有益突变一旦出现时，就可以立刻被抓住和使用。

让我再说得具体点。最重要的一点是，通过变异、突变或突变加一点选择而获得的新特征，或某特征的改良，很容易引起生物体增加该特征的有用性，因此增加被选择的可能性。拥有了新的或变化了的特征，个体有可能会因此去改变环境——通过真的改变，或通过迁徙——或为了适应环境而改变自己的行为。所有这些都是为了加强新特征的有用性，从而加速在同一方向上的进一步选择性改良。

这个大胆的主张可能让你大吃一惊，因为这似乎需要个体拥有很强的目的性，甚至需要高等智慧才行。但我想说明我的观点，当然不仅包括聪明的，有目的行为的高等动物，但绝不限于此。让我给出几个简单的例子：

一个物种的所有个体不可能都拥有完全相同的环境。一些野花长在阴暗处，另一些长在阳光下；一些长在高山斜坡上，另一些则在低洼处或山谷中。某种突变，比如对高海拔的生物有利的多毛叶片，则会被高山上的野花选择，而将会被山谷中的野花"丢弃"。结果仿佛是，多毛的突变体迁徙到了一个合适的环境，在这个环境中将会出现在同一方向上进一步的突变。

再举一个例子：飞的能力使得某些鸟可以把它们的巢建在高高的树上，这样它们的幼鸟就不易被敌人捉住。首先，这样做的鸟本身具有一种选择优势。接下来，这样的巢也可以选择出那些擅长飞行的幼鸟。因此，飞的能力导致了生活环境的改变，同时，为了适应环境也导致了行为的改变，从而使得这种能力不断加强和积累。

生物体最显著的特征，就是分化成物种，并且很多物种发展出难以置信的特异性，有些甚至极其复杂，是生物赖以生存的基础。动物园简直就是一个奇异展，如果能把昆虫的生命史包含在内，就变得更加令人惊叹了。非特异型[1]是一个例外。一般来说，生物的特异性是如此神奇，以至于"如果不是自然的杰作，人类是万万想不到的"。很难相信，这些特异性都来源于达尔文学说的"偶然累积"。不管愿不愿意，我们已经有了这样的印象：生物的进化趋势，总是倾向于远离"简单朴素"而朝着越来越复杂的方向发展。"简单朴素"似乎代

---

[1] 生物进化过程中未经过特殊化变异的原始类型。

表一种不稳定的状态，远离它似乎可以触发一种力量，进而朝着远离的方向越来越远。根据达尔文的最初设想，我们习惯于认为某个特定的结构、机制、器官、有用的行为都是由一长串相互独立的偶然事件所积累产生的，如果这样的话就很难理解上述的生物进化趋势了。实际上，我相信只有某方向上最开始的一小步有这样的结构。它为自身创造出有利的环境，通过自然选择"锻造可塑的材料"，使得物种向着一开始获得优势的方向越来越系统地进化。用比喻的方式可以说：物种已经找到了它们的生存机遇在何方，并循着这条路一直前进。

4. 伪拉马克主义

一次偶然突变也许会赋予个体某种优势，增加个体在环境中的生存概率。我们必须尝试用综合的角度来理解，并以唯物的方式总结出，一次偶然突变为何会产生比上述更大的影响，也就是说，会使个体更聪明地利用机会，从而可以选择性地接受环境的影响？

为了揭示这个机制，让我们把环境描述成一个包含了有利和有害因素的总和。有利因素包括食物、水源、栖息地、阳光以及很多其他因素；有害因素则包括来自其他生物的危险（敌人）、毒物和恶劣的环境等。简单地说，我们可以把前者称为"需求"，把后者称为"危害"。不是每种需求都可以满足，也不是每种危害都能避免。但生物体必须拥有一种折中行为，能够通过最简单的方法获取资源，在避免最致命的危险和满足最迫切的需求之间取得平衡，以此求得生存。一个有利的突变要么使获取资源的方法更简单，要么减少了来自于某种危害的危险，或两者都有。所以拥有这种突变的个体提高了生存概率，但需求和危害的最佳行为平衡点却转移了，因为它改变了需求或危害的相对权重。于是，（通过运气或智慧）改变了行为的个体将更有优势，所以更容易被选中。这种行为的改变不会通过基因组传递给后代，不会通过直接遗传，但这并不意味着不会传递下去。最简单直接的例子就是生长在广阔山坡上的花，它们发展出了多毛的突变体。这种突变体主要在高山地区有优势，当它们在这些地区撒下种子的时候，总的来说，多毛的后代似乎"爬上了山坡"，"更好地利用了它们有利的突变"。

我们必须牢记，整个情形往往是保持动态发展的，其中的争斗也很激烈。在个体数量众多的一个种群中，如果存活率没有显著增加，通常是因为有害因素比有利因素的力量更为强大（个体存活是例外）。而且，危害和需求常常是成对出现的，所以想要满足某个迫切的需求必须同时面对着某种危害。（例如，羚羊必须去河边喝水，但狮子也很清楚这一点。）危害和需求是错综复杂地交织在一起，保持微妙的平衡。因此，某个有利突变如果能把某种危险稍稍降低一点点，就可以对突变个体产生巨大的影响，从而避免其他危险。这不仅会对遗传特性，也会对与之相关的（有意的或偶然的）技能产生明显的选择效应。这种行为会通过示范、学习，或语言等方式传递给后代。相反，行为的转变又会强化在此方向上进一步突变的选择价值。

这样的方式似乎与拉马克描述的遗传机制有很大相似之处。尽管获得的行为和任何身体变化都不会直接传递给后代，但行为在此过程中有很大的影响。但其中的因果关系并不是拉马克所认为的那样，正好是恰恰相反。

实际情况并不是行为改变了亲代的体格，然后通过遗传，改变了子代的体格；而是因为亲代的体格变化（直接或间接地）导致了行为的变化，而这种行为和体格变化则通过示范、教育、甚至更简单的基因组方式传递给后代。即使身体变化是不能遗传的，通过"教育"的方式来传递相应的行为也是非常有效的进化因素，因为它为接受未来的遗传突变敞开了大门，并做好了准备去充分利用这些突变，从而在残酷的自然选择中脱颖而出。

5. 习惯和技能的基因固定

有人可能会提出反对意见，认为我们刚刚描述的情形只是偶尔发生，并不是永久适用，因此不能构成适应性进化的基本机制，因为行为变化本身不通过身体继承，也不通过遗传物质染色体传递。首先，行为肯定不是由基因固定的，而且很难看出和遗传物质到底是怎样相互关联的。这本身就是一个重要的问题。因为我们知道习惯是可以继承的，比如鸟类会筑巢，猫狗有各自的清洁习惯，这些都是显而易见的例子。如果连这些都无法通过正统的达尔文学说来解释，那达尔文学说可以被我们抛弃了。这个问题推广到人类身上，则具有非凡的意义，因为我们希望能够在生物学意义上推断出这样的结论：一个人生命中的努力和劳动可以对物种的发展作出个人的贡献。

我相信实际情形如下所述。

根据我们的假设，行为的变化和身体的变化是平行发展的，行为变化是身体产生偶然变异的结果，但很快就引导进一步的选择机制走入确定的轨道，因为行为变化以后，个体会充分利用这些最初产生的优势，因此只有在同一方向上进一步突变才会有选择价值。然而，（请允许我这么说，）随着新器官的发展，行为与其越来越紧密相连。行为和身体合二为一了。如果不使用双手去做事，你就无法拥有一双灵巧的手，反而会妨碍你（舞台上的业余演员就是如此，因为他们并没有真正地用手做事）。如果没有想飞的欲望，你就不可能拥有一对有力的翅膀。如果不想尝试去模仿周围的声音，你也不可能拥有一个精巧的发声器官。所以，我们几乎无法辨别，拥有某器官和想要使用该器官并通过练习提高技能之间的区别，若把它们看作生物体的两种不同的特征，则是一种人为的区分，只能通过抽象的语言来解释，在自然界中并不存在。所以，我们不能认为，"行为"最终逐渐地侵入了染色体结构（或其他什么东西）并获得了"位置"，应该是新器官本身（从基因上固定下来）携带着这种行为和使用的方式。如果自然选择"制造"了一种新器官，但生物体不知道如何合理使用它，那自然选择就会变得毫无作用了。这一点非常重要。正因为如此，这两者总是平行发展，在每一个阶段，并最终在基因上合二为一固定下来：一个熟练使用的器官——正如拉马克所说。

如果我们用人类制造工具的过程与此自然过程相比较的话，将会很有启发意义。初看起来两者似乎有显著区别。当我们想要制造一种精巧的工具，但如果我们很急躁，在完成之前就反复使用，那就有很大可能会毁掉它。自然是不一样的。除非持续地使用、探究、检查其有效性，否则她就无法制造一种新生物或新器官。但实际上这个类比是错误的。人类制造某单个工具的过程相当于个体发育，即个体从种子发育成熟的生长过程。这里太多的干扰是不受欢迎的。幼体需要保护，直到获得了该物种全部的力量和技能之后，才可以独立生存。有一些很好的例子，可以用来比喻生物体的进化发展过程。比如，在自行车的历史展览中，我们可以看到这种机器如何逐渐变化，每隔一年、每隔十年，会有些什么变化，与此相类似的还有，火车引擎、摩托车、飞机和打字机等。很重要的一点是，正如自然过程一样，上述的这些机器一定是被持续使用从而得到了改进；不能简单地说是通过使用而改进，而是通过使用中获得的经验和提出的建议来改进的。顺便说一句，上面用来类比古老物种的自行车，实际上已经到达了能实现的完美状态，所以基本上已经停止改变，但它并没有濒临灭绝！

6. 智力进化的危险

现在让我们回到本章开头的问题：从生物学角度来看，人类还有可能进一步进化吗？我相信，我们刚才的讨论已经给出了两个重点。

第一点是行为在生物学中的重要性。尽管行为本身不能直接遗传，但通过与生物体结构和环境相适应，并随着上述两个因素的变化及时调整，行为也可以极大地加快生物进化的速度。在植物和低等动物中，合理的行为由缓慢的自然选择过程产生，换句话说，由试验和错误产生。但人类的智慧使他可以主动选择，从而促使合理行为的产生。这种极大的优势能够轻易地弥补人类孕育过程缓慢、后代数量较少的生育所带来的不利影响。在生物学角度来看，生育数量少的原因还在于我们不想让后代的数量太多，防止其超过了环境的承载能力，生命得不到保障。

第二点，关于人类是否还有继续进化的可能，实际上与第一点紧密相连。在某种意义上，我们已经有了完美的答案，也就是说，这个问题取决于我们和我们的所作所为。我们不能等待事情发生，并相信是由不可逆的命运所决定的。如果我们需要它，就必须做些什么来争取，如果不需要，就什么也不做。正如政治和社会发展以及历史事件的顺序，并不是由命运强加给我们的，而是很大程度上取决于我们自己做了什么，我们的生物学未来也是一样，作为历史的一部分，绝不能被看成是由自然法则事先确定的无法改变的命运。无论如何，作为生物学进化的行为主体，我们绝不能这样认为；即使是更高等的生物，观察着我们就像我们观察鸟类或蚂蚁一样，应该也不是这样认为的。人类总是倾向于，把历史（无论是狭义的还是广义的）看成是命运注定的事件，受控于他无法改变的法则和定律，原因其实很明显。因为每个独立的个体都感觉到，他自己在生物学进化这件事上作用微乎其微，除非他能使别人接受自己的观点，说服他们相应地改变调整行为。

至于说行为是保证我们生物学未来的关键，关于这个我只想提最基本的一点。我相信，我们目前正面临着错过"完美之路"的危险。根据上面的讨论，自然选择是生物进化过程中不可或缺的一环，如果自然选择完全消失，进化也就停止了，甚至还会倒退。用朱利安·赫胥黎的话来说："突变的衰减（消失）将会导致某个器官的退化，当器官变得无用时，自然选择也就相应地停止作用，不会在该器官上再浪费精力了。"

现在，我相信高度的机械化和"傻瓜式"的生产过程使得我们的智力器官面临很严重的退化危机。随着手工艺的衰退而单调乏味的流水线工作的普及，聪明的工人和鲁钝的工人的生存机会日趋相等，这时，聪明的脑袋、灵巧的双手和敏锐的眼睛就变得多余起来。甚至，不聪明的人会更受青睐，因为他更适应这种无聊的苦力活，他会发现生存、安家和养育后代更容易。这个结果无疑会导致才能和天赋方面的负向选择。

现代工业生活的艰辛导致了很多制度应运而生来帮助人们减轻辛劳，比如保护工人免受剥削和失业的威胁，以及很多其他的福利和安全措施。这些制度当然是有益的，也是必不可少的。但我们也不能忽视这样的事实：由于分担了个人照顾自己的责任，使每个人的生存机会均等，这些制度削弱了对才能的竞争，从而使生物学进化趋向停滞。我知道，这一点是非常有争议的，有人也许会举出强有力的证据，证明福利的益处一定远大于对进化造成的威胁。但幸运的是，根据我主要的观点，这两点其实是统一的。仅次于欲望，无聊已经成为我们生活中最可怕的东西。我们必须改进那些发明出来的精巧机器，让它们代替人类来做那些机械的、枯燥的工作；而不是生产越来越多的额外奢侈品。有些工作让人来做实在是大材小用，应该让机器承担，绝不是因为机器太贵了，所以让人来做，但这种事情其实经常发生。我的目的并不是想让成本降低，而是想让工人愉快一点儿。然而，只要大公司或大企业之间的竞争一直存在，这个想法实现的希望就很小。其实这种竞争非常无趣，也没有任何生物学价值。我们的目标应该是强调个人之间有趣且智慧的竞争，争取把它恢复到应有的位置。

第三章　客观化原则

　　九年前，我提出了两个构成科学方法基础的总原则，一是自然的可理解性原则，另一个就是客观化原则。从那以后，我经常涉及这两个原则，最后一次是在我的小书《自然与希腊人》[1]中。我希望在这里详细地谈一谈第二个原则，客观化。在我说之前，让我先澄清一个可能产生的误解，因为我从这本书的很多书评中发现了这个问题。尽管我从一开始就注意避免这个问题，但它还是出现了。简单地说，有些人似乎认为我的目的是制定一些基本原理，它们应被看作是科学方法的基础，或至少一定是科学的基础，应该不惜一切代价去坚持的原理。然而事实并非如此，我只是主张——以前是，现在也是——它们是古希腊思想的传承，是我们西方科学和科学思想的起源。

　　这种误解并不奇怪。如果你听一个科学家描述科学中最基础和最古老的两个基本原则，你会很自然地听到这两个原则。他至少会表示强烈的赞同，并说服你也接受他的观点。但从另一方面看，科学从不

[1]　剑桥大学出版社，1954。——原注

说服任何人，科学只是陈述。科学的目的只是对客观事物做出真实而充分的陈述。科学家强加于人的只有两点，真实和真诚，不仅他迫使自己，也迫使其他科学家接受。在这个例子中，客观事物就是科学本身，是已经历了发展和变化的当今科学，而不是在未来应该成为或应该发展成为的科学。

现在让我们回到这两个原理本身。关于第一个原理，"自然是可理解的"，这里我只想简单说一说。关于这个原理，最重要的一点是，它必须要发明出来，它的发明极其必要。它起源于希腊的米利都学派[1]，自然哲学家。从那以后，虽然它也经历了一些变化，但是基本上保持了原样。现代物理学的一些观点很可能就对它是严重的冲击。不确定性原理[2]，声称自然界中缺乏严格的因果关系，也许就是一个反例。其实讨论这个问题也很有趣，但我决定专心讨论第二个原理，我称之为客观化原理。

这个原理也常常称为我们身边的"真实世界的假说"。我认为这是个相当简化的概括，我们这样说以便描述自然界无限复杂的问题。没有意识到认知主体的存在，也不能严格系统地表述它，于是我们把

---

[1] 泰勒斯（约公元前624—公元前547年）是米利都学派的创始人，他是和梭伦并列的希腊七贤中的名人，他认为万物之源为水，水生万物，万物又复归于水。这个观点看似简单却涵盖了万物最初皆诞生于水中这一真理。排除了当时流行的神造世界的臆想断说。另一代表人物阿那克西曼德（约公元前610—公元前546年）主张万物本源是"无限"，一切生于无限复归于无限，而无限本身既不能创造又不能消灭。

[2] 不确定性原理（Uncertainty principle）是由海森堡于1927年提出，这个理论是说，你不可能同时知道一个粒子的位置和它的速度，粒子位置的不确定性，必然大于或等于普朗克常数（Planck constant）除于4π（$\Delta x \Delta p \geq h/4\pi$），这表明微观世界的粒子行为与宏观物质很不一样。此外，不确定原理涉及很多深刻的哲学问题，用海森堡自己的话说："在因果律的陈述中，即'若确切地知道现在，就能预见未来'，所得出的并不是结论，而是前提。我们不能知道现在的所有细节，是一种原则性的事情。"

它排除在了我们努力去理解的自然领域之外，我们自己也后退成为不属于这个世界的旁观者。这样一来，世界就变成了一个客观的世界。这种机制被以下两种情况所混淆。第一，我自己的身体（我的精神活动与此直接紧密联系）构成了形成感觉、认知和记忆的客体（周围的真实世界）的一部分。第二，其他人的身体构成了这个客观世界的一部分。现在我似乎有充分的理由可以说，其他人的身体也和意识紧密联系，或者说，就是意识的载体。我毫不怀疑这些其他意识载体存在的真实性，但我却没有任何直接接近的方法，因此我把它们看成是客观的事物，正如我周围的真实世界的一部分。此外，既然我自己与其他人之间并无区别，甚至在意图和目的上还很接近，所以我推断我自己也是构成这个真实的物质世界的一部分。这样的结果就是，我把自己（把世界看成精神产物的自己）又放回到物质世界中去了，上述错误的结论一步步推演，由此带来一系列灾难性的逻辑混乱。我们本可以一个个地指出，但现在我只提两个特别明显的谬论，原因在于我们没有意识到这样的事实：要想相当令人满意地描绘出这个世界的图像，我们必须付出巨大的代价，必须把我们自己移出画面之外，回到一个无关的旁观者身份。

　　第一个谬论：当我们发现世界的图像竟然是"黯淡，冰冷和寂静的"时，我们感到非常惊讶。颜色、声音和冷热都是我们最直观的感受，如果我们的意识被移除出来的话，没有这些感受也是不足为奇的。

　　第二个谬论：我们不断寻找意识和物质相互作用的位置，却总是无功而返。众所周知，查尔斯·谢灵顿爵士[1]在《人与自然》一书中精彩阐释了他对此进行的坦率的探究。物质世界的构建必须付出把自我，即意识移出的代价。意识不是物质世界的一部分，所以很明显，意识既不能作用于物质，物质或其他任何部分也不能作用于意识。（斯宾诺莎[2]对此观点做了非常简单明了的陈述，见后面的段落）

　　我希望对其中某些点加以详细阐述。首先，让我引用一段C.G.荣格[3]的论文，这段话说得很好，因为它从一个完全不同的语境强调了同样的观点，尽管是以一种严厉申斥的方式。为了更令人满意地描绘客观世界，我们不得不付出把认知主体移走的巨大代价，当我继续这么认为时，荣格更进一步，批评我们是在为一个无解的难题做出妥协。他说：

　　所有的科学都是心灵的活动，所有的知识都来源于此。心灵是全宇宙中最伟大的奇迹，是世界作为一个客观物体必不可少的条件，然而令人极其诧异的是，西方世界（除去极少数例外）都对心灵的巨大作用视而不见。外在的认知客体如洪水一般涌来，而所有的认知主体

----

　　[1] 查尔斯·斯科特·谢灵顿爵士（Sir Charles Scott Sherrington，1857年11月27日—1952年3月4日），英国科学家，在生理学和神经系统科学方面有很多贡献。他和埃德加·阿德里安一起由于"关于神经功能方面的发现"而获得1932年诺贝尔生理学或医学奖。

　　[2] 巴鲁赫·德·斯宾诺莎（Baruch de Spinoza，1632年11月24日—1677年2月21日），犹太裔荷兰籍哲学家，近代西方哲学公认的三大理性主义者之一，与笛卡尔和莱布尼茨齐名。

　　[3] C. G. 荣格，瑞士精神病学家。1875年7月26日生于图尔高州，1961年6月6日卒于苏黎世。1895年入巴塞尔大学学习，1900年获医学博士学位。1902年获苏黎世大学医学博士学位。1905年任苏黎世大学精神病学讲师。后退职，自己开业。S.弗洛伊德的《梦的解析》于1900年出版后，荣格读了很感兴趣，1906年与弗洛伊德通信，1907年去维也纳会晤弗洛伊德，参加了弗洛伊德的精神分析运动。

则退居到幕后，似乎不复存在[1]。

当然，荣格非常正确。他研究的是心理学，很明显比物理学家或生理学家在这个问题上敏感得多。但我想说的是，从坚守了两千多年的位置上突然撤退是十分危险的，我们也许会失去一切，也不会在这个特别的（也很重要的）领域获得除自由以外的任何东西。但这里问题已经出现了。心理学这门相对比较新的科学需要生存空间，我们不得不重新考虑刚才那个问题。这是个艰巨的任务，目前在这里我们无法解决，能够把它指出来我们已经知足了。

我们知道，心理学家荣格抱怨我们，在描绘世界的时候摈弃了意识，忽略了心灵。我现在想举出几个例子，或许相当于对荣格观点的补充。这些引文都来自于更古老谦逊的物理学和生理学的杰出代表，它们都在陈述一个事实，"科学世界"已经变成如此可怕的客观世界，以至于没有给意识和直观感受留下任何空间。

有些读者可能记得A.S.爱丁顿[2]的"两张书桌"，一张是他熟悉的老家具，他正坐在旁边，胳膊放在上面；另一张是科学世界中的物体，不仅没有任何感官，而且布满空洞；最大的部分就是真空，只有虚无，中间夹杂着数不清的微粒，电子和原子核高速旋转，但中间相隔的距离至少是自身大小的十万倍。在用他不自然的修辞精彩对比了这两者之后，他总结如下：

[1]《埃拉诺斯年鉴》（1946），第398页。[埃拉诺斯聚会，始于1933年，地点在瑞士小城阿斯克纳（Ascona），荣格是聚会的主要发起人，也是聚会的核心。聚会由当时各界著名知识分子参加，讨论心理学、哲学、宗教、历史等话题。聚会一直持续到1951年，共进行了19次。]

[2] 亚瑟·斯坦利·爱丁顿（Arthur Stanley Eddington，1882年12月28日—1944年11月22日），英国天文学家、物理学家、数学家，第一位用英语宣讲相对论的科学家，自然界密实物体的发光强度极限被命名为"爱丁顿极限"。

在物理学世界中，我们看到的只是熟悉生活的投影。我肘部的影子搁在书桌的影子上，墨水的影子流到了纸的影子上……物理学其实是一个影子世界，这种对物理学的坦率认识是近期最重要的研究进展之一[1]。

请注意，这个最新进展并不是物理世界本身获得了这种影子特性；其实自从阿布德拉的德谟克利特[2]时代，甚至更早，这种特性就一直存在，只是我们没有注意到，我们以为我们研究的是世界本身；据我所知，以模型或图像来说明科学概念的方法直到19世纪后半叶才出现。

不久以后，查尔斯·谢灵顿爵士出版了他的重要著作《人与自然》[3]。这本书充满了对意识与物质相互作用的客观证据的诚实探寻。我强调"诚实"这个词，因为需要付出非常认真而严肃的努力，去寻找那些事先被深信找不到的东西，因为这些东西（被普遍认为）根本不存在。在该书的第357页他简单地总结了搜寻的结果：

意识，一种被知觉包围的物质，在我们的空间世界中比幽灵更像幽灵。看不见，摸不着，甚至连轮廓都没有，它其实不是一种物质，得不到感官的确认，永远不能。

---

[1] 物理世界的本质（剑桥大学出版社，1928），引言。——原注

[2] 德谟克利特（约公元前460—公元前370），出生在色雷斯的海滨商业城市阿布德拉，古希腊伟大的唯物主义哲学家，原子唯物论学说的创始人之一［率先提出原子论（万物由原子构成）］。

[3] 剑桥大学出版社，1940。——原注

用我自己的话可以这么说：根据自然哲学家的观点，意识已经建立起了客观的外部世界。除非运用排除自我的简化方法——从概念创造中排除，否则意识将无法完成这个艰巨的任务。因此客观世界并不包括它的创造者。

我无法只转述几句话就能传达出谢灵顿的不朽著作的伟大之处，必须要自己阅读才能体会。但我还是想转引书中其他独具特色的叙述：

物理学……使我们面临一个僵局，意识本身并不能弹钢琴，意识本身连一根手指都动不了（222页）。

这个僵局把我们难倒了，意识到底如何作用于物质？我们对此一无所知。这个矛盾让我们感到惊愕，难道这完全是个误解？（232页）

这些由21世纪实验生理学家所得出的结论和17世纪最伟大的哲学家的简单陈述相当一致：

身体不能决定灵魂去思考，灵魂也不能决定身体去运动、休息或从事其他活动。

——斯宾诺莎《伦理学》第三部分，命题2

僵局依旧是僵局。所以我们不是自己行为的执行者了吗？但是我们依旧觉得我们是自己行为的负责人，我们是自己行为后果的承担者——受到惩罚或赞美。这是个可怕的矛盾。我认为以目前的科学水平，我们无法解决这个问题。现今的科学依然完全淹没在"排除原则"中而不自知，所以导致了矛盾。能意识到这一点是很有价值的，但并不能解决问题，就像我们无法通过议会法案来废除"排除原则"一样。为了解决问题，科学态度必须要重建，科学知识必须要更新，必须保持谨慎。

所以，我们面临着以下这种值得注意的情形。当构建我们的世界图像的材料完全产生于作为思维器官的感觉器官，这样一来，每个人的世界都是，而且一直是他的意识的构想，不存在于其他任何地方，但有知觉的意识本身在这个构想里也是一个陌生人，没有任何生存空间，你无法在空间中发现它。我们常常不能意识到这个事实，因为我们总是去考虑某个人的性格，或者是某个动物的性格，仿佛就在它的身体内部。如果说在那里其实根本找不到，这种说法相当令人惊诧，常常受到质疑，所以我们也非常不情愿地承认这一点。我们已经习惯于认为有知觉的意识应该在脑子里，大概在两眼中间往后一两个英寸的地方，从那里它给予我们善解人意的、慈爱的、温柔的——抑或可疑的、生气的模样。我想知道，有没有人注意到，眼睛是唯一具有接受特性的感觉器官，这一点常常会被我们忽略。相反，我们更倾向于认为，"视线"来自于眼睛内部，而不是外界的"光线"射入眼睛。在漫画书中，甚至在一些更老的解释光学仪器或光学定律的示意图中，常常可以发现这样的"视线"，从眼睛里发出的虚线指向物体，末端的箭头显示方向。——亲爱的读者，尤其是女读者，回想一下，当你给孩子带来了一个新玩具时，他眼睛里射出了明亮而欢乐的目光。这时，让物理学家告诉你，事实上没有任何光来自眼睛，眼睛唯一能检测到的客观功能就是持续被光照射并接受光量子。这就是事实！多么奇怪的事实！似乎缺少了什么。

　　我们很难评估下面的事实：把个性和意识局限在身体里仅仅是象征性的，只是便于实际用途的一种辅助。让我们，用我们全部的知识，"温柔地"看一看身体内部的情况，会发现非常有趣的繁忙景象，或者说，简直像一台机器。我们发现数百万的分化细胞以特定的形式排列，这种排列极其复杂，但显然，这些细胞进行着意义深远、高度完美的相互交流和合作。这是一种规则的电化脉冲的搏动，它们的形态快速变化，在神经细胞间传导，每一刹那有数以千计的触体开启和闭合，由此引发了化学变化和其他尚未发现的变化。我们遇到的所有情况，随着生理学的发展，我们相信，将来一定会了解得越来越清楚。但现在请让我假设一种特定的情况：你观察到了很多输出脉冲流，它们来自大脑，通过长长的细胞突触（运动神经纤维），传导到了手臂特定的肌肉上。作为结果，你看到了一只依依不舍的手臂颤抖着向你告别———一次令人心碎的长久分离。同时，你也发现其他一些脉冲束产生了某种腺液，使伤心的眼睛里充满了泪水。无论生理学如何发展，从眼睛经过中枢器官到手臂肌肉或泪腺的这条路上，在任何地方你都看不到性格特征，看不到可怕的痛苦，更看不到灵魂中的忧虑，尽管这些事实对你来说十分确定，似乎你可以自己体会———你确实能够！生理学分析使我们能够了解其他人，仿佛是我们最亲密的朋友。这种情形让我想起爱伦坡的绝妙故事，我相信很多读者也一定记得很清楚，我指的是《红死魔的面具》。王爷和他的随从为了躲避肆虐大地的红死病瘟疫，撤退到一个偏僻的城堡中。大约一个星期以后，他们举行了一场盛大的化妆假面舞会。其中一个戴着面具的人，身材高大，脸完全被面纱遮住，穿着一身红衣，很明显，他想要扮演红死魔，所有人都毛骨悚然，不仅为他的肆意妄为感到震惊，也十分担心他是一个入侵者。最后一个胆大的年轻人靠近这个红色的面具，猛然挑掉他的面纱和头饰，却发现竟空无一物。

我们的头骨里并不是空的，然而我们在其中发现的东西，尽管让人很感兴趣，但与生命、心灵和情感相比，却什么也不是。

了解这一点可能起初会让人沮丧。依我来看，如果更深层次考虑的话，反而会是一种安慰。当我们必须面对一个深切怀念的已故朋友的身体，如果我们意识到这个身体从来不是他的品格的载体，只是象征性地"作为实际参考"，是不是会感觉好一点？

作为以上这些讨论的附录，那些对物理学有强烈兴趣的人希望听我就主体和客体发表一系列观点，因为这是目前被量子物理学主要学派赋予了重要地位的问题，这些物理学家包括尼尔斯·波尔[1]，沃纳·海森堡[2]，马克斯·玻恩[3]和其他一些人。首先让我对他们的观点进行简要的说明，如下所述[4]。

---

[1] 尼尔斯·亨利克·戴维·玻尔（丹麦文：Niels Henrik David Bohr，1885年10月7日—1962年11月18日），丹麦物理学家，哥本哈根大学硕士/博士，丹麦皇家科学院院士，曾获丹麦皇家科学文学院金质奖章，英国曼彻斯特大学和剑桥大学名誉博士学位，1922年获得诺贝尔物理学奖。玻尔通过引入量子化条件，提出了玻尔模型来解释氢原子光谱；提出互补原理和哥本哈根诠释来解释量子力学，他还是哥本哈根学派的创始人，对20世纪物理学的发展有深远的影响。

[2] 沃纳·卡尔·海森堡（德文原名：Werner Karl Heisenberg，1901年12月5日—1976年2月1日），德国著名物理学家，量子力学的主要创始人，哥本哈根学派的代表人物，1932年诺贝尔物理学奖获得者。量子力学是整个科学史上最重要的成就之一，他的《量子论的物理学基础》是量子力学领域的一部经典著作。

[3] 马克斯·玻恩（Max Born，1882年12月11日—1970年1月5日），德国犹太裔理论物理学家、量子力学奠基人之一，因对量子力学的基础性研究尤其是对波函数的统计学诠释而获得1954年的诺贝尔物理学奖。

[4] 见我的《科学与人道主义》（剑桥大学出版社，1951）49页。——原注

如果不产生任何"接触"的话，我们不能对某个给定的自然物体（或物理系统）做出实际的描述。这种"接触"是一种物理意义上的真实的相互作用，即使我们只是"看着物体"，这一过程也必须包括物体受到光线照射，并反射到眼睛或观察器材中去，这意味着物体受到我们观察的影响。如果把物体完全隔离，我们是无法获得任何信息的。这个理论继续主张，我们对物体的这种干扰既不是完全无关，也不是一目了然。因此在对物体进行多次艰苦的观察之后，我们对有些（最终观察到的）特征有所了解，但对（被最后一次观察所干扰的）其他特征还仍然一无所知，或者了解得不够准确。这种情况可以用来解释，为什么我们不能对任何物体进行完整无缺的描述。

如果我们承认这个事实——很可能必须承认——那似乎就和自然的可理解原则相互矛盾。本质上这是不矛盾的。一开始我就告诉过你，我的两个原则并不是对科学的约束，它们只是表达了数个世纪以来物理学所遵循的原则和无法轻易改变的原理。我个人看来，我们目前的知识并不足以改变这个原则。我们的模型或许可以用这样的方式调整：这些模型将永不显示出原则上无法被同时观察到的特性——也就是那些在同时性上略差，但在适应环境变化上稍强的模型。然而，这是物理学的内部问题，这里就不讨论了。但基于上述理论，以及测量工具对客体产生的无法避免、无法观察到的干扰，我们得出了一个伟大的结论，认识的自然中涉及主客体的问题已被带到了舞台前面。通常认为，当前的物理发现已经推进到了主客体之间的神秘界限。但这个所谓的界限，根本不是一个严格的界限。我们已经知道，在观察一个物体时，我们不可避免会调整它或影响它。我们也知道，在我们的精细的观察方式和实验结果的影响下，主客体之间的神秘界限已经完全消失了。

为了评论这些观点，首先让我们接受关于主客体特点和区别的古老思想，因为许多古代和现代思想家都接受这种思想。哲学家中，从阿布德拉的德谟克里特到"哥尼斯堡的老人[1]"，几乎都强调我们所有的感觉、认知和观察都带有强烈的个人影响，并不完全是（用康德的话说）"物自身"[2]。尽管有些思想家也许认为只有或多或少的失真，康德却让我们彻底放弃"物自身"：我们不可能对"物自身"有任何了解。因此一切现象具有主观性的观点由来已久，为人们所熟知。现在新的情况则是：我们从环境中得到的印象不仅大部分取决于我们感觉中枢的性质和状态，而且反过来说，我们想要理解的环境也是被我们所改变过的，尤其是被我们制造出来用来观察它的装备所改变过。

情况也许就是这样——在某种程度上一定是这样。也许根据新发现的量子物理理论，这种改变无法降低到某个确定的值以下。但我仍然不愿意称它为主体对客体的直接影响。作为主体，如果有什么特征的话，就是能够感受和思维。但感受和思维并不属于"能量世界"，它们无法使能量世界产生任何变化，正如斯宾诺莎和查尔斯·谢灵顿所说的那样。

以上讨论都是基于我们接受主客体区别的古老思想的基础之上。尽管我们在日常生活中不得不为了"实际参考"而接受这个思想，但我相信，在哲学思想中我们应该摒弃它。康德已经揭示了它严格的逻

---

[1] 指康德。

[2] 物自身是德国古典哲学家康德提出的哲学的一个基本概念，又译"物自体"或"自在之物"。它指认识之外的，又绝对不可认识的存在之物。它是现象的基础，人们承认可以认识现象，必然要承认作为现象的基础的物自身的存在。

辑结构：我们对"物自身"这个伟大而空洞的概念永远一无所知。

正是同样的元素构成了我的意识和我的世界。对其他人的意识和世界来说，情况也是一样的，尽管两者之间有大量的"交叉参考"。我的世界只有一个，不是存在和感知分开的两个世界。主体和客体是统一的，它们之间的界限不能说已因物理学的最新进展而消失，因为这个界限根本就不存在。

第四章 算术上的悖论：意识的单一性

为什么我们有感情的、敏锐的、理性的自我无法在我们的科学世界图像中被找到呢？原因可以简单用一句话来概括：因为"自我"本身就是世界图像。它本身就等同于一幅完整的图像，所以无法作为图像的一部分而包含其中。然而，这里我们碰到了算数悖论：有意识的自我千千万，而世界只有一个。这个矛盾起源于世界这个概念的产生。"个体"的意识有许多部分是重叠的，这些所有人都重叠的部分就构成了"我们身边的真实世界"。即使这样，我们仍然有一种不安的感觉，仍会有这样的疑问：我的世界和你的世界真的一样吗？是不是存在一个更为真实的世界，有别于我们每一个人通过感官感知而获得的世界？如果这样的话，这些个人的图像与真实世界的图像相似吗？还是说，世界"本身"与我们感知到的世界大相径庭？

这样的问题很聪明，但在我看来很容易混淆视听。它们没有完美的答案，却都会导致矛盾，或本身就是自相矛盾。这些问题的来源都一样，就是我所称的算术悖论。许多个有意识的自我以他们的精神经验为基础构成了这唯一的世界。这个算术悖论如果能解决，就可以使上述这类问题迎刃而解，并证明它们，我敢说，其实是伪命题。

有两种方法可以解决，但以现代科学思想（基于古希腊的观点，因此完全是"西式"的）来看的话，却显得相当疯狂。一种解决方法是莱布尼茨令人生畏的单子[1]说中世界的多重化：每个单子本身都是一个世界，相互之间没有沟通交流；单子也"没有窗户"，它是"单独监禁"的，但它们依然能相互契合，这被称为"预先建立的和谐"。我觉得没有多少人会对这个观点感兴趣，也不会认为这个观点可以解决上述的数学悖论。

这样一来，只有唯一的选择了，也就是意识或知觉的统一。它们的多重性只是表面现象，实际上只有一种意识。这就是奥义书的学说，但不仅限于奥义书。与神合一的神秘体验通常都会产生这样的看法，除非存在强大的反对意见；这意味着这种看法在西方不如在东方那么容易让人接受。让我引用一个奥义书之外的例子吧，这是13世纪的阿齐兹·纳萨菲[2]。以下内容我摘自弗里茨·迈耶[3]的论文，并将其从德译本中翻译过来。

---

[1] 近代德国哲学家莱布尼茨认为，单子是能动的、不能分割的精神实体，是构成事物的基础和最后单位。单子是独立的、封闭的（没有可供出入的"窗户"），然而，它们通过神彼此互相发生作用，并且其中每个单子都反映着、代表着整个的世界。莱布尼茨的单子论揭示出人类意识的本性、机能和发展过程。单子具有精神性、能动性，是能动的精神实体；单子具有连续性的原则，无机物、植物有"微知觉"，动物有"灵魂"，或较清楚的知觉，人有"统觉"或更清楚的知觉，把形体看作灵魂认识宇宙的中介；灵魂和形体不可分，各自遵循自己的规律而相互和谐。

[2] 阿齐兹·纳萨菲是13世纪波斯苏菲导师，他是库布拉教团导师哈姆亚的弟子，著作颇丰。

[3] 埃拉诺斯年鉴（1946.2）。——原注

在任何生物死后，灵魂回到灵魂世界，肉体归入肉体世界。然而在此过程中，只有肉体会产生变化。灵魂世界中，灵魂就像肉体世界后面的一束光，当任何生物形成的时候，灵魂之光就穿过它的身体，就像穿过一扇窗一样。光进入世界的多少取决于窗户的大小和种类，而光本身保持不变。

十年前，阿道司·赫胥黎出版了一本宝贵的册子，他称之为《永恒的哲学》。这是一本收录的时代和民族最广的神秘主义者文集。打开它你可以发现许多类似的优美语录。你会惊讶于不同民族、不同宗教的人们之间奇迹般的一致。他们互相不知道对方的存在，相隔好几百年甚至好几千年，生活在我们的星球上距离最遥远的地方。

尽管如此，我不得不说，这些学说对于西方思想没有多大的吸引力。人们认为它索然无味\荒诞离奇且不合科学。好吧，确实如此，因为我们的科学——希腊科学——基于客观性原理，因此它缺乏对于认知主体，即意识的充分理解。我相信，这正是我们目前的思维方式所需要修正的地方，或许可以让东方思维输一点血进来。这不是一件简单的事。我们必须小心别犯错误——输血时必须做好充分准备来防止凝血。我们也不希望失去我们的科学思维已经取得的逻辑精准度，那是任何地方任何时代都无法比拟的。

但仍然有一种情况是支持神秘主义教义"意识同一"的——正与莱布尼茨可怕的单子说相对。（"意识同一"指的是所有的意识包括最高意识之间都是一致的。）"意识同一"学说可以通过我们的实际经验来证明它的正确。意识从来不会被多重体验，只可能被独立体验。不仅没有人曾经体验过多重意识，而且也没有任何证据证明在世界上其他地方这种情况曾经发生过。如果我说在同一个大脑中不可能有多种意识，这似乎有点啰唆了——因为我们完全无法想象相反的情况。

然而在某些案例或情形中，我们会期待或需要这种无法想象的事情发生，如果有可能的话。这就是我现在想要详细讨论的点，让我用查尔斯·谢灵顿的话来加强我的论点，他就是一个特别聪明的天才，同时（难能可贵地）也是一个理智的科学家。据我所知，他对《奥义书》的观点没有偏见。我作此讨论的目的在于为"意识同一"学说和我们自己的科学世界观点的未来融合扫清障碍，使其不需要以失去理智和逻辑精准为代价。

我刚刚说过，我们甚至无法想象在同一个脑子里意识的多重性。我们可以说，这些话是没问题的，但它们并不能描述任何可能的经验。即使在病态的"人格分裂"案例中，两种人格交替出现，从不同时出现；这就是这种病症的特点，即两种人格彼此一无所知。

在像木偶戏一样的梦中，我们手中的绳子牵着一大群演员，控制着他们的言行，但我们自己并没有意识到这一点。其中只有一个是我自己，即做梦的人。我直接通过他来做事和说话，我也许会焦急地等待另一个人的回答，想知道他是否会满足我急切的请求。我自己并不知道，其实我可以让他的言行依照我的意愿——实际情况通常不是如此。在梦里，这"另一个人"，我相信，多半是在我的实际生活中无能为力的巨大阻碍的化身。这里描述的奇怪状态，清楚地解释了为什么古时候大多数人都坚信他们与梦中的人确实有过交流，无论这些人是死是活，是神还是英雄。这是一种根深蒂固的迷信。公元前6世纪末，以弗所[1]的赫拉克利特[2]坚定地声称反对这个迷信观点，在他时常晦涩的论断中，这样清晰的表达并不多见。但公元前1世纪的卢克莱修·卡鲁斯[3]，自认为是文明思想的领导人，却仍然坚持这个迷信观点。这种观点在今天可能很少见了，但我却仍然怀疑它还没有完全绝迹。

下面让我们讨论一个完全不同的问题。我自己的意识（我感觉是唯一的）到底是如何由构成我身体的细胞（或部分细胞）的意识整合而成？在我生命的每一个时刻，我唯一的意识是如何成为这些细胞的生成物的？我发现想要回答这两个问题几乎是不可能的。有人或许会认为，既然我们每个人都是一个"细胞联邦"，那意识也应该表现出多重性，如果可以的话。"细胞联邦"或"细胞国"的说法如今已经不再认为是一种比喻说法了。请看谢灵顿的观点：

"每一个组成我们身体的细胞都是一个独立自主的生命。"这句声明不仅仅是一种修辞，也不是为了描述的方便。细胞，作为身体的组件，不仅是可见的最小单元，而且本身就是一个独立的生命。它按自己的方式生活……细胞是一个生命，而反过来我们的生命则是完全

---

[1] 又译艾菲斯，古希腊小亚细亚西岸的一重要贸易城市。

[2] 赫拉克利特（Heraclitus，约公元前540年—前470年）是一位富传奇色彩的哲学家。赫拉克里特认为："万物皆流，无物常驻，宇宙中的一切都处于流动变化之中"。

[3] 提图斯·卢克莱修·卡鲁斯（Titus Lucretius Carus，约前99年—约前55年），罗马共和国末期的诗人和哲学家，以哲理长诗《物性论》（De Rerum Natura）著称于世。他继承古代原子学说，特别是阐述并发展了伊壁鸠鲁的哲学观点。认为物质的存在是永恒的，提出了"无物能由无中生，无物能归于无"的唯物主义观点。反对神创论，认为宇宙是无限的，有其自然发展的过程，人们只要懂得了自然现象发生的真正原因，宗教偏见便可消失。承认世界的可知性，认为感觉是事物流射出来的影像作用于人的感官的结果，是一切认识的基础和来源，驳斥了怀疑论。

由细胞组成的生命统一体[1]。

　　上述问题可以更详细、更具体地讨论下去。大脑病理学和生理学调查对感觉的研究都明确赞成把感觉中枢划分成各自独立的领域。这样一来，不同的领域就具有令人惊叹且意义深远的独立性，因为我们期待着这些独立的领域与意识的不同领域之间具有某种联系，但其实并没有。下面是一个典型的例子。如果你用肉眼观察远处的风景，先用两只眼看，然后闭上左眼用右眼来看，再然后换过来，你会发现没有什么明显的差别，这三种情况下精神上的视觉空间几乎是一致的。原因很可能是视网膜上相应的神经末端受到的刺激被传输到了大脑的同一个区域，即"感觉制造中心"——正如，我家前门的按钮和我妻子卧室的按钮会启动同一个门铃，而这个铃位于厨房门上。这是最简单的解释，但这是错误的。

　　谢灵顿告诉我们一个非常有趣的实验，研究闪烁频率的临界值。我尽量用最简短的语言来描述这个实验。设想在实验室中建立一座小型的灯塔，每秒闪烁很多次，比如40、60、80或100次。当你慢慢增加频率到某一特定频率时，闪光似乎消失了（这个特定频率取决于实验的具体细节），这时观察者看到的就是连续光[2]。假定这个临界频率是每秒60次，在第二个实验中，我们运用一种合适精巧的装置，使得每两次闪光只能有一次进入右眼，另一次则进入左眼，这样每秒钟每只眼睛只能看到30次闪光。如果这种光刺激是传输到相同的生理中心，这次实验的结果应该和第一次没有差别：如果每两秒我按一次前门的按钮，我妻子也是每两秒按一次卧室的按钮，但与我交替进行，

---

[1] 《人与自然》，第一版（1940），第73页。——原注
[2] 电影中就是用这种方法获得连续图像的。——原注

那么厨房的铃每一秒就会响一次，与我俩其中一人每秒都按下按钮或是我俩同时每秒按下按钮是同样的结果。然而，在第二次闪烁实验中结果却并非如此。右眼看到的30次闪烁加上左眼看到的另外30次闪烁还远远不能消除闪光的感受。必须把两边的频率都翻倍，也就是说，只有右眼60次闪烁，左眼也是60次闪烁，这样才能消除闪光的感受。下面是谢灵顿的主要结论：

> 并不是大脑系统的空间结合将左右眼的观察结果合并在一起……它更像是有两个观察者分别观察左眼和右眼的图像，然后两个观察者的意识被合并成一个；仿佛左眼和右眼单独加工看到的信息，然后再从精神上结合起来……好像每只眼睛都有一个相当完备的独立感觉中枢，基于每只眼的精神活动流程甚至已经发展到了完整的感知水平。这样一来，实际上就有了一个生理上的视觉亚脑，所以会有两个亚脑，一个负责左眼，一个负责右眼。两个亚脑同时作用而非结构上的联合为它们提供了精神合作[1]。

下面是他非常综合的思考，我挑选了最有特色的段落摘录如下：

> 那么，有没有的半独立的亚脑对应于各种感官呢？在大脑皮层顶部，我们可以看到传统的"五官"独立存在且界限清晰，而不是相互难解难分地融合在一起，也没有在更高的指令下进一步内部融合。我们的意识有没有可能是由半独立的感觉意识在精神上整合起来的？当涉及"意识"问题时，神经系统并不把自己集中在一个"教皇"细胞周围，相反，它作用于成千上万的"民主"细胞上……由许多亚生命构成的具体生命，尽管是一个整体，但也显示出了它的合成特性，

---

[1]　《人与自然》第一版，第273～275页——原注

同时也显示出它是由很多小生命共同作用的结果……上述这些推论到底有没有道理？当我们转向意识的研究时，却发现意识全然不具备上述特性。单个的神经细胞绝不是微型大脑。由细胞组成的身体并不能说明"意识"也是如此……单个的"教皇"细胞和大脑皮层上的细胞群比起来，后者显然更能保证意识反应具有统一的非原子特性。物质和能量在结构上似乎是由微粒组成的，生命也是如此，但意识却不一样。

上面摘录的是给我留下最深刻印象的段落。谢灵顿，尽管他运用卓越的知识向我们解释了生命体中真实发生的过程，但他似乎也在纠结一个矛盾。鉴于他的坦率、聪明和真诚，他并没有试图隐藏这个矛盾，更没有试图搪塞过去（就像许多人会做或已做的那样）。他毫无保留地把矛盾揭示出来，因为他知道，这是让科学和哲学上的任何问题更接近正确答案的唯一方法，而用"优美"的语言来粉饰则会阻碍进步，使矛盾长久存在（不会永远存在，因为将来一定会有人指出你的错误）。谢灵顿的矛盾也是一个算术悖论，一个数字上的矛盾，我相信，这与我在本章前面提到的悖论紧密相关，但绝不相同。简单地说，之前的悖论是许多意识合成了一个世界，而谢灵顿的悖论是，单一意识以许多细胞生命为基础，或者说，以各种亚脑为基础，每个亚脑似乎都有相当的独立性，以至于我们不得不联想到亚意识。但我们知道，亚意识是个可怕的概念，正如多重意识一样，因为在任何的生活经验中都找不到它们的对应物，也根本无法想象出来。

通过把西方的科学体系与东方的同一学说相结合，我坚信这两个悖论将来都可以解决（我不会假装现在就可以解决）。意识是一个单一的存在。应该这么说：意识的数量无论何时只有一个。我大胆地认为这是一个颠扑不破的真理，因为意识有它特定的时间表，即意识总是处于"现在"，没有过去和将来，只有包含着记忆和期望的现在。我承认，我们的语言不足以表达其中的微妙，我也承认，可能有人也想提出，我现在谈论的是宗教，不是科学——确实是宗教，但与科学并不相悖，相反，客观的科学研究还为此提供支持。

谢灵顿说："人类的意识是我们星球上的新产品。"[1]

对此我自然同意。如果第一个词"人类的"去掉的话，我就不同意了。第一章中我们讨论过这个问题。下面的说法就算谈不上荒谬，至少也是有些奇怪的："作为反映世界形成的唯一形式，意识只在世界'形成'过程中的某个时间短暂出现，与一种非常特别精巧的生物装置有关；这种装置很明显与促进某些形式的生命的生存与繁育无关。这里的某些形式的生命在地球上是新来的，之前有很多其他形式的生命，它们不需要这个特别的装置（大脑）就可以维系生命。只有其中的一小部分（如果以物种为单位来数），已经开始着手'形成大脑'。"如果这样的话，那形成大脑之前，一切都是没有观众的表演吗？我们是否可以把这个没有人思考的世界称为世界？当考古学家重建一个古城或古代文明，他感兴趣的是当时当地人类的活动、感觉、思维、情感、欢乐与悲伤。但一个存在了数百万年但没有任何意识在思考的世界，能称为世界吗？它真的存在过吗？我们不要忘记："世界的形成反映在意识中"只是一个早就熟悉的陈词滥调或修辞说法而已。世界只出现过一次。没有东西可以被反映。原始和镜像的内

---

[1]　《人与自然》第一版，第218页。——原注

容是一样的。时空拓展的世界只是我们的想象。正如贝克莱[1]所充分意识到的，除了上述情况，我们的经验并没有给我们关于世界的任何线索。

然而，已存在了数百万年的世界偶然制造了大脑，而大脑却认为世界的传奇故事将会有一个悲剧性的续集。让我用谢灵顿的话对此做出描述：

我们知道能量世界正在衰减，它向着最后致命的平衡状态不断发展。生命无法在平衡状态下生存，但生命的进化永不停歇。地球上进化出了生命，每时每刻都在进行。意识也随之进化而来。如果意识不是一个能量系统，那能量世界的衰减怎样影响它呢？是否有可能安然无恙？据我们所知，有限的意识附属于一个运转的能量系统。当这个能量系统停止运转的时候，意识怎么办呢？精心制造出意识并使之不断完善的能量世界会让它消失吗？[2]

这样的考虑在某种程度上确实让人不安。最令人困惑不解的就是意识所具有的奇怪的双重角色。一方面它是舞台，整个世界的活动都在这唯一的舞台上演，或者说它是容器，包含了整个世界，而容器之外一无所有。另一方面，我们获得这样一种印象，或许只是一种假象：在喧闹的世界中，意识与某种特别的器官（大脑）有密切关系，这个器官无疑是动植物生理学中最有趣的装置了，但其实它并不独特，像其他很多器官一样，它的目的终究也只是为了主人的生命

---

[1] 乔治·贝克莱（George Berkeley，1685年3月12日—1753年1月14日），出生于爱尔兰基尔肯尼的一个乡村绅士家庭，18世纪最著名的哲学家、近代经验主义的重要代表之一，开创了主观唯心主义。并对后世的经验主义的发展起到了重要影响。为纪念他加州大学的创始校区定名为加州大学伯克利分校（University of California，Berkeley）。

[2] 《人与自然》第一版，第232页。——原注

延续，这也是在物种形成过程中经由自然选择精心演化出来的唯一功能。

　　有时候，画家或诗人会在他们的宏伟巨作中设置一个真实质朴的次要人物——他自己。我认为《奥德赛》[1]中那个瞎眼的吟游诗人就是作者本人，诗人在费阿刻斯人[2]的大厅里吟唱特洛伊战争，歌声让这位受伤的英雄（指奥德修斯[3]）潸然泪下。同样地，我们在《尼伯龙根之歌》[4]中看到，当他们穿越奥地利国土时，一位诗人出现了，人们推测他就是整首史诗的作者。在丢勒[5]名画《礼拜三位一体》[6]中，高高在上的圣灵（三位一体）周围聚集了两圈信徒在做祷告，一圈是天堂中的众神，一圈是地球上的人类。后者包括国王、皇帝和教

　　[1]　《奥德赛》，又译《奥狄赛》《奥德修纪》或《奥德赛漂流记》是古希腊最重要的两部史诗之一（另一部是《伊利亚特》，统称《荷马史诗》）。《奥德赛》延续了《伊利亚特》的故事情节，相传为盲诗人荷马所作。

　　[2]　《奥德赛》中居住在斯刻里亚岛的一族人，特洛伊战争后奥德修斯回家的路上来到该岛。

　　[3]　奥德修斯（英语：Odysseus），又译俄底修斯，是古希腊神话中的英雄，对应罗马神话中的尤利西斯。是希腊西部伊塔卡岛国王，曾参加特洛伊战争。出征前参加希腊使团去见特洛伊国王普里阿摩斯，以求和平解决因帕里斯劫夺海伦而引起的争端，但未获结果。

　　[4]　一部用中古高地德语写的英雄史诗。大约作于1200年，作者为某不知名的奥地利骑士。全诗共39歌，2379节，9516行。史诗源于民族大迁移后期匈奴人和勃艮第人斗争的史实，其中人物都是从大量民间传说英雄中提炼而来，但具有浓厚的封建意识。是中世纪德语文学中流传最广、影响最大的作品。

　　[5]　阿尔布雷希特·丢勒（1471—1528）生于纽伦堡，德国画家、版画家及木版画设计家。丢勒的作品包括木刻版画及其他版画、油画、素描草图以及素描作品。他的作品中，以版画最具影响力。他是最出色的木刻版画和铜版画家之一。他的水彩风景画是他最伟大的成就之一，这些作品气氛和情感表现得极其生动。

　　[6]　祭坛画《礼拜三位一体》（又名《万圣图》，1511），长114厘米，宽131厘米，尺寸虽不甚大，却以众多人物和辽阔场面引人注目。画幅底部为山水风景，中段表示教皇和众信徒，上段中央则为十字架上的基督及上帝、圣灵（三位一体），两旁为圣母和诸圣徒。构图庄重，有意大利风格。

皇，除此以外，如果我没搞错的话，也有画家本人的肖像，在画中是一位卑微的次要人物，无足轻重。

在我看来，这就是令人困惑的意识双重角色的最好比喻。一方面，意识是创造一切的艺术家；但在完成了的作品中，却只是一个微不足道的附属品，就算去掉也不会影响整体效果。

直白一点说，我们必须声明，我们正面临着最典型的矛盾之一：如果不抽离意识这个世界图像的描绘者，我们还不能成功地描述出一个可理解的世界模样，因此意识在作品中是没有位置的，所以，如果尝试把意识强加其中，终究会不可避免地产生一些悖论。

在前面我已经讨论过这个问题：因为同样的原因，物理世界缺乏构成认知主体的所有感觉特征，它是无色，无声且无法感知的。以同样的方式，因为同样的原因，科学世界也缺乏或被剥夺了所有只有与有意识思考、感知和感受的主体相联系才有意义的东西。我首先指的是伦理观和审美观，任何与意义和整体视野相联系的价值观。科学世界中不仅仅缺少这些，从纯科学的角度来看，也不能被自然地插入。如果有人想要尝试把意识插入其中，就像一个孩子在他的无色画作中涂上颜色那样不和谐，因为任何被胡乱强加到世界模型中的观念，尽管以科学事实论断的形式出现，但同上面一样也是错误的。

生命本身是宝贵的。"敬畏生命"就是阿尔贝特·施韦泽[1]定义的伦理学基本原则。但自然对生命毫无敬畏之心。自然把生命看成世

---

[1] 阿尔贝特·施韦泽（Albert Schweitzer，1875—1965）是20世纪人道精神划时代伟人、一位著名学者以及人道主义者。具备哲学、医学、神学、音乐四种不同领域的才华，提出了"敬畏生命"的伦理学思想，他是一个了不起的通才、成就卓越的世纪伟人。1913年他来到非洲加蓬，建立了丛林诊所，从事医疗援助工作，直到去世。阿尔贝特·施韦泽于1952年获得诺贝尔和平奖。

界上最微不足道的东西，生命被数百万计地创造出来，很大程度上是因为它们在找到食物之前已经被消灭掉或成为猎物。这正是造物主不断制造新形式生命的方法。施韦泽认为，"你不应受到折磨，不应承受痛苦！"但自然对此不以为然，它的生物在永恒的争斗中相互折磨。

"事物无良莠，只是思考使然。"任何自然事件本身没有好坏，也没有美丑。价值观正在消失，特别是意义和结果也在消失。自然的行为没有目的。如果在德文中我们说到生物体的有目的的适应性改变，我们知道这只是为了措辞的方便。如果只是字面上理解的话，我们就错了，错在我们的思考局限于我们的世界框架中，因为在那里只有因果关系。

最痛苦的是我们所有关于意义和整体视野的科学研究都是处于绝对缄默中。我们越关注，反而越迷茫越愚蠢。正在进行的表演之所以有意义，正是因为有意识在思考。但科学告诉我们，这种关系明显是荒谬的：仿佛意识是由正在观看的表演所制造的，当太阳落山、地球变为冰雪荒原时，表演就结束了，意识也消失了。

让我简单地提一下臭名昭著的科学无神论，当然，它来自于同一篇文章。科学不得不一次又一次地忍受这种责备，但公正地说并不是如此。没有人格神[1]可以不移除所有个性的东西而形成世界的一部分。我们知道，当上帝被感知时，就像自己的即时感受或个性那样真实。但上帝同样必须消失在时空的图像中。诚实的自然主义者告诉你，我无法在时空中的任何地方找到上帝，为此他招致了来自于上帝的责备，因为在他的教义里写道：上帝是神灵。

---

[1] 以人格形象呈现的神灵。

第五章　科学与宗教

　　科学可以给宗教问题提供信息吗？科学研究的结果可以帮助我们解决那些时常困扰我们每个人的问题，从而获得一个理性和满意的看法吗？我们中的有些人长期以来，特别是在健康和快乐的青年时期，成功地将这些问题搁置一边；而另一些人在暮年时期，已经满足于没有正确答案，也自我放弃去寻找正确答案，然而还有另一些人，终其一生都被我们智力的局限所困扰，同时也因为长久以来的迷信思想所带来的恐惧而忧心不已。这里我指的问题主要是关于"另一个世界""死后的灵魂"，以及与此相关的所有问题。请注意，我当然没有尝试去回答这些问题，只是在考虑一个简单得多的问题：科学是否可以提供任何关于它们的信息或帮助我们思考这些不得不想的问题？

　　首先，科学当然能够以一种原始的方式做到这一点，并且已经毫不犹豫地做到了。我记得看过一些以前的印刷品和世界地图，包括地狱、炼狱和天堂，前者被深深埋入地下，而后者则高高在天空。这些描绘并不纯粹是比喻手法（这与后来的画作有所不同，比如丢勒著名的《礼拜三位一体》），它们证明了当时一种原始的信仰。而今，没有任何教堂要求用这种唯物主义的方式来忠实地解释其教义，但也没有强烈地反对这种态度。这种进步当然是因为我们加深了对于地球内部（尽管不多）、火山的性质、大气的成分以及太阳系可能的历史以及银河系和宇宙结构的了解。

　　有文化的人不会指望在我们研究所及的空间内发现这些虚构的宗教事物，我猜想甚至在研究还未涉及的延续空间内也没有，但即使他并不相信它们的存在，也会给予它们精神地位。我并不是说只有等候上述科学发现才能启迪那些笃信宗教的人们，但科学确实帮助人们扫除了在这些方面的迷信思想。

　　然而，这指的是一个相当原始的思想状态，还有一些更令人感兴趣的点。科学最重要的贡献是解决这些令人困惑的问题："我们究竟是谁？我来自于哪里？我要去哪里？"——即使不能解决，至少能让我们得到安慰。在我看来，这方面科学能给予我们最明显的帮助就是，时间的逐渐概念化。谈到这一点时，有三个名字必然出现在脑子里，他们是柏拉图、康德和爱因斯坦；也会想起一些其他人，包括希坡的圣奥古斯丁[1]和波爱修[2]等非科学家。

　　后两位并不是科学家，但他们对哲学问题的热衷、对世界的浓厚

---

　　[1]　圣·奥勒留·奥古斯丁（Saint Aurelius Augustinus，天主教译"圣思定""圣奥斯定""圣奥古斯丁"，354年11月13日—430年8月28日），古罗马帝国时期天主教思想家，欧洲中世纪基督教神学、教父哲学的重要代表人物。在罗马天主教系统，他被封为圣人和圣师，并且是奥斯定会的发起人。对于新教教会，特别是加尔文主义，他的理论是宗教改革的救赎和恩典思想的源头。希坡：今阿尔及利亚安纳巴。

　　[2]　提乌·曼利厄斯·塞维林·波爱修（Anicius Manlius Severinus Boethius，约480—524年），东罗马帝国哲学家，曾任执政官。波爱修认为"种"与"属"是头脑在感觉的基础上加工的结果，共相存在于事物之中，而它本身却是非物质性的；解释了基督教神学中"三位一体"和神的存在等教义。

兴趣都来源于科学。例如，柏拉图的兴趣就来自于数学和几何学（今天也许可以去掉当中的"和"了，但我认为在他那个时代还不能省略）。是什么为柏拉图毕生的事业赋予了无与伦比的显赫声望，即使在两千年以后的今天，依旧光芒闪耀？据我们所知，任何关于数字或几何图形的发现都不是他的功劳。他对物理学中的物质世界和生命的理解时常是怪异的，而且总的来说不如先于他一个多世纪的圣贤（从泰勒斯[1]到德谟克利特）；而对自然知识的了解，他又被他的学生亚里士多德和学生的学生泰奥弗拉斯托斯[2]全面超越。除了他的热情崇拜者，所有人都认为他冗长的谈话只是文字上无聊的诡辩，他从不去定义某个词的含义，而是相信"词说百遍，其义自见"。而当他尝试推行他的社会学和政治学的乌托邦思想时，不仅失败了，还让他自己陷入巨大的危险中。在今天他的乌托邦思想竟又有了新的崇拜者，但可悲的是遭遇到了同样的失败。那么，他的名声到底从何而来？

在我看来，原因如下，他第一个正视并强调了永恒存在的观点（尽管是反理性的），并把这种观点看成一个事实，比我们的实际经验还要真实；他说，实际经验只是永恒存在的一个影子，所有可感知到的事实都来源于此。我说的是形式（或观点）理论。这一观点

---

[1]　泰勒斯（约公元前624年—公元前546年），又译为泰利斯，公元前7至6世纪的古希腊时期的思想家、科学家、哲学家，希腊最早的哲学学派——米利都学派的创始人。希腊七贤之首，西方思想史上第一个有记载有名字留下来的思想家，被称为"科学和哲学之祖"。

[2]　泰奥弗拉斯托斯，公元前4世纪的古希腊哲学家和科学家，先后受教于柏拉图和亚里士多德，后来接替亚里士多德，领导其"逍遥学派"。泰奥弗拉斯解作"神样的说话者"，并非真名，据说是亚里士多德见他口才出众而替他起的名。泰奥弗拉斯托斯以《植物志》《植物之生成》《论石》《人物志》等作品传世，《人物志》尤其有名，开西方"性格描写"的先河。

是如何产生的呢？无疑，这是由于他逐渐熟悉了巴门尼德[1]和埃利亚学派[2]的学说。同样明显的是，这些学说在柏拉图这里变得更有生命力，更适应时代，与柏拉图自己关于推理学习的美丽比喻一脉相承：推理学习的本质是记忆知识，这些知识其实一直存在，只是当时处于隐藏状态，并不是发现了全新的真理。然而，巴门尼德永恒不变、无所不在的"一"在柏拉图的脑子里变成了一个强大得多的思想——理念世界，这个思想需要丰富的想象力才能理解，但不可避免仍具有神秘性。我相信，这个思想源于非常真实的经验，也就是，像他之前的毕达哥拉斯和他之后的很多人一样，柏拉图对数字和几何图形所揭示的神奇奥秘感到惊叹和敬畏。他意识到这些奥秘的本质，深深地被其吸引。这些奥秘通过纯逻辑推理一层层揭开，使我们熟悉了其间的真实关系，当中包含的真理不仅无懈可击，而且永恒不变，完全经得起我们的推敲。数学真理是永恒的，并不是我们发现的时候才形成，但真理的发现却是令人兴奋的真实事件，就像从仙女那里得到了一件宝贵的礼物。

　　三角形ABC的三条高在O点相交。（高是指一个角到对边或对边

---

　　[1] 巴门尼德（约公元前515年—前5世纪中叶以后）是一位诞生在埃利亚的古希腊哲学家。他是前苏格拉底哲学家中最有代表性的人物之一。他是埃利亚派的实际创始人和主要代表者。他是色诺芬尼的学生，同时也受到毕达哥拉斯派成员的影响。主要著作是用韵文写成的《论自然》，如今只剩下残篇，他认为真实变动不居，世间的一切变化都是幻象，因此人不可凭感官来认识真实。他受克塞诺芬尼关于神是不动的"一"的理论影响，依靠抽象形象，从感性世界概括出最一般的范畴"存在"。认为存在是永恒的，是一，连续不可分；存在是不动的，是真实的，可以被思想；感性世界的具体事物是非存在，是假象，不能被思想。

　　[2] 埃利亚学派是古希腊最早的唯心主义哲学派别之一，因该学派建立于南意大利半岛的埃利亚地区，故云。其主张唯静主义的一元论，即世界的本源是一种抽象存在，因此是永恒的，静止的，而外在世界是不真实的，该派以擅长诡辩著称。

延长线的垂线。）起初，我们看不出为什么高会相交于一点？任意其他三条线为什么不行？（它们通常会构成一个三角形。）

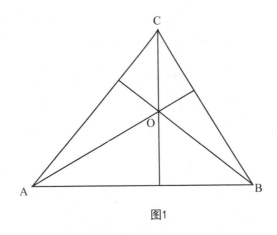

图1

现在从每个角画出对边的平行线，构成一个更大的三角形A'B'C'。它包含四个全等三角形。ABC的三条高在大三角形中是每个边的中垂线，即"平分线"。经过C点的中垂线一定包含了所有到A'、B'等距离的点；经过B点的中垂线一定包含了所有到A'、C'等距离的点；所以，这两条垂线的交点到A'、B'、C'三点的距离都相等，同时也一定与经过A点所作的垂线相交于这个点，因为这条垂线包含了所有到B'、C'等距离的点。证明完毕。

每个整数，除了1和2，都处于两个素数之间，且是这两个素数的算术平均值；比如：

$$8=\frac{1}{2}(5+11)=\frac{1}{2}(3+13)$$

$$17=\frac{1}{2}(3+31)=\frac{1}{2}(29+5)=\frac{1}{2}(23+11)$$

$$20=\frac{1}{2}(11+29)=\frac{1}{2}(3+37)$$

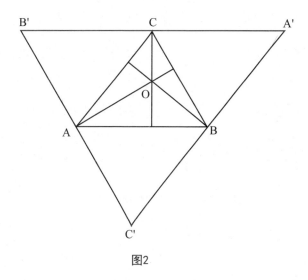

图2

如你所见，以上等式通常有不止一个解。这个定理被称为哥德巴赫猜想，尽管还没有被证明，但我们认为这是正确的。

通过相加连续的奇数，从1开始，那么1+3=4，然后1+3+5=9，接着1+3+5+7=16，我们得到的总是平方数，实际上用这种方法可以得到所有的平方数，有几个数字相加，得到的就是几的平方。为了证明这个关系式的普遍性，我们可以把每组与等式中间距离相等的两个被加数（如，第一个与最后一个数，第二个和倒数第二个数）之和替换成其算术平均值之和，这个算术平均值显然就等于相加的个数，所以在最后一个例子中。

4+4+4+4 = 4*4

我们接下来讨论康德。他的时空概念理论已不再新鲜，这是康德的学说中最基础的部分之一。与他大多数的学说一样，这个理论既不能证实也不能证伪，但并没有因此失去吸引力（反而增加了吸引力，因为如果被证明或推翻的话反而会变得无足轻重）。这个理论想说的是，空间的外延和时间上的"先后"并不是世界的特征，而是我们的意识在当时的情况下，不由自主地根据时空这两个索引目录，把遇到的一切事件都记录下来了。这并不意味着，意识可以独立于或先于任何经验去理解这些秩序体系，而是当事件发生时，意识会不由自主地去发展这些秩序体系并应用到经验上去。尤其注意，这一事实并不能证明或表明，时空是"物自身"固有的秩序体系，不像有些人认为的那样，我们的经验都来自于"物自身"。

　　不难证明，上述论断是错误的。没有个人可以区别他自己的感知和引起感知的事物，因为无论关于某件事他得到多么详尽的事实，这件事只会发生一次，而不是两次。"复制"只是一种比喻说法，主要出现在与其他人甚至动物的交流当中；显示了在相同情况下他们的感知似乎和我们的十分相似，除了在观点（字面意义指"思维投射点"）上的细微区别。然而，像大多数人一样，假设这种体验强迫我们把客观存在的世界作为我们感知的来源，那么我们如何才能知道，我们的体验来源于我们思维的结构，而不是所有客观存在事物所共有的特点？不可否认，我们的感知构成了我们关于事物所有的知识。无论多么自然，客观世界依然只是一个假说。如果我们真的接受它，那么把我们的感觉在此当中所发现的所有特征都归因于外部世界，而不是我们自己，难道不是最不自然的事吗？

　　然而，康德论断的重要价值并非在"意识形成世界观"过程中公正地分配意识和它的对象——世界的角色，因为，正如我刚刚指出的，很难将两者区分开来。最伟大的地方在于这个理论形成了这样的观点：单一事物（意识或世界）很可能具有其他形式的形态，而这种形态我们无法掌握，也没有隐含时空的概念。这意味着我们从根深蒂固的偏见中解脱了出来：除了时空秩序，也许还存在其他形态的秩序。我相信，叔本华是第一个从康德的理论中读出的这层含义。从宗教意义上来说，这种解脱打开了通往信仰之路，而不用每时每刻与世界经验和朴素观点所告诉我们的清楚结论相悖离。例如，最重要的例子是，正如我们都知道，经验使我们清楚地相信，它会随着身体的消亡而消失，和生命一起消失，因为它们是密不可分的。所以，今生死后还有来世吗？没有。这个答案不是因为经验只能发生在时空中，而是因为，在某种与时间无关的形态秩序中，"之后"的概念是没有意义的。当然，纯粹的思考并不能保证存在这样的事物，但可以移除那些明显的障碍，让我们可以设想这是真实存在的。那就是康德通过他的分析所得出的成果，在我看来，这就是他的哲学重要性。

现在我就同样的话题谈一谈爱因斯坦的观点。康德对于科学的观点相当朴素，如果打开他的《科学形而上学基础》的书页，你就会同意我的看法了。他认为物理学发展到他生活的时代（1724—1804）已经基本到了最终阶段，同时他忙于用哲学来对其进行解释。这样一个伟大天才都会发生这样的情况，对后来的哲学家也是一种启示。他清楚地指出空间必定是无限的，同时他坚定地相信，人类在意识本质中，天生就具有欧几里得所总结的几何性质。

在这个欧几里得空间，物质就像软体动物一样，随着时间的推移改变着形态。在康德和他同时代的任何物理学家看来，空间和时间是两个完全不同的概念，所以他毫不犹豫地把空间称为外直觉形式，把时间称为内直觉形式。欧几里得认为，这种无限空间的认知并不是看待我们经验世界的必要方式，而最好是把时空看成一个四维整体，他的观点似乎破坏了康德的理论基础——但实际上对他更有价值的哲学思想没有任何损害。

　　这种四维空间的认知被留给了爱因斯坦（和其他几位学者，例如H.A. 洛伦兹[1]，庞加莱[2]，闵可夫斯基[3]）。他们的发现对哲学家、街上行人、家庭妇女产生了巨大影响，因为他们提出了以下理论：甚至在我们的经验范围内，时空关系也比康德想象的要复杂得多，比以前的哲学家、街上行人、和家庭妇女想象的也要复杂得多。

　　新观点对之前的时间概念有很大的影响。在此之前我们一直认为，时间就是"前和后"。新观点基于以下两个根源：

　　（1）"前和后"的概念属于"因果"关系。我们知道，或者说我们已经形成了这样的看法：如果事件A可以导致，或至少改变事件B，那么，如果事件A不发生，事件B也不会发生，或至少不会发生变化。例如，当炮弹爆炸时，坐在炮弹上的人立刻死亡了；同时，从很远的地方能听到炮弹爆炸的声音。死亡也许和爆炸是同时发生的，在遥远的地方听到爆炸声可能会晚一点儿，但这两个事件绝不会先于爆

---

[1]　H. A. 洛伦兹，（Hendrik Antoon Lorentz，1853—1928），荷兰物理学家、数学家，1853年7月18日生于阿纳姆，并在该地上小学和中学，成绩优异，少年时就对物理学感兴趣，同时还广泛地阅读历史和小说，并且熟练地掌握多门外语。他虽然生长在基督教的环境里，却是一个自由思想家。1870年入莱顿大学学习数学、物理学，1875年获博士学位。25岁起任莱顿大学理论物理学教授，达35年。

[2]　亨利·庞加莱（Jules Henri Poincaré）是法国数学家、天体力学家、数学物理学家、科学哲学家，1854年4月29日生于法国南锡，1912年7月17日卒于巴黎。庞加莱的研究涉及数论、代数学、几何学、拓扑学、天体力学、数学物理、多复变函数论、科学哲学等许多领域。

[3]　闵可夫斯基（Hermann Minkowski，1864—1909）出生于俄国的Alexotas（现在变成立陶宛的Kaunas）。父亲是一个成功的犹太商人，但是当时的俄国政府迫害犹太人，所以当闵可夫斯基八岁时，父亲就带全家搬到普鲁士的Konigsberg（哥尼斯堡）定居，和另一位数学家希尔伯特（Hilbert）的家仅一河之隔。曾为爱因斯坦的老师，闵可夫斯基时空为广义相对论的建立提供了框架。

炸发生。这是个基本观点，实际上，在日常生活中，我们正是根据这个观点来判断两个事件中，哪一个较晚发生，或至少不先于另一件发生。这种区分完全基于先因后果的顺序。如果我们有理由认为事件B是由事件A引起的，或至少表现出事件A的影响，抑或（根据充分的理由）应该会表现出事件A的影响，那么我们就认为事件B不会早于事件A发生。请记住这一点。第二个根源是，根据实验和观察得到的证据，事件的影响不会以无限的速度传播，存在着一个上限，刚好是空间内的光速。在人类看来这样的速度非常快，可以在一秒内绕地球赤道转7圈。光速非常快，但并不是无限的，用c表示。如果同意这是一个自然界的基本事实，那上述提到的"先后"和"早晚"的区别（基于因果关系）就不是普遍适用的了，因为在某些案例中它无法成立。如果不用数学语言，这是很难解释清楚的，不是因为数学体系多么复杂，而是几乎每种语言都充斥着时间的概念，不用某种时态就无法使用动词，这对于解释上述观点是不利的。

　　以下是一个最简单、但也许并不是最恰当的例子。给定一个事件A，事件B发生在A之后，并在以A为圆心，ct为半径的圆外。那么B无法显示出A的任何影响；当然，A也没有任何B的影响。这样一来，我们的标准就被打破了。当然，在我们的语言中，我们把B定义成后者，但无论哪个事件先发生，这个标准都不成立，所以，我们的论证真的正确吗？

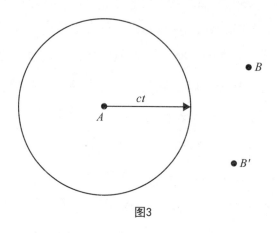

图3

　　假设在更早的时间（称为t），事件B'发生在同样的圆外，在这种情况下，和之前一样，A不会受到B'任何影响（B'也不会受到A的任何影响）。

　　这样，在这两个例子中，两个事件都是互不相关的。就和A的因果关系来看，B和B'之间没有明显概念上的区别。所以，如果我们想要把这种关系，而非一种语言学偏见，当作"先后"的基础，那么B和B'形成了一类既不比A早也不比A晚的事件。这类事件占据的时空区域被称为（相对于事件A）的"潜在同时"区域，这样说是因为我们可以采用一种时空框架使得A与特定的B或B'同时发生。这就是爱因斯坦的发现（被称为狭义相对论，1905）。

　　如今，这些理论对我们物理学家来说已经成为相当具体的事实，就像乘法表和毕达哥拉斯直角三角形定理一样，我们每天工作中都会用到它们。有时候我会好奇，为什么它们可以在普通大众和哲学家当中都引起轰动呢？我认为原因在于，它废除了时间这个严酷的暴君从外部给我们施加的压力，让我们从"先后"的魔咒中解放出来。确实，时间是我们最严厉的主人，正如摩西五经[1]中所述，它公然地把我们的生存时间限制在70或80年。被允许玩弄时间主人的方案，即使只是一小方面，也是莫大的安慰，似乎整个"时间表"并不像一开始见到那样严肃，这是一种宗教观点，不，我应该称之为"那种宗教观点"。

爱因斯坦并没有——正如你时常会听到的——认为康德对于时空理想化的深刻观点是虚假的；相反，他帮助康德的观点向前迈了一大步。

之前我谈到了柏拉图、康德和爱因斯坦在哲学和宗教上的观点。在康德和爱因斯坦之间，大约在爱因斯坦前一个世纪左右，物理学见证了一次重大事件，几乎可以改变哲学家、街上行人、甚至家庭妇女的观点，就算没有相对论那么轰动的话，至少也是差不多的。但事实上，这并没有发生，我相信，原因在于这种观点的改变更难理解，所以上述三类人中只有极少数能够掌握，充其量只有一两个哲学家可以理解。这个观点是由美国的威拉德·吉布斯[2]和奥地利的路德维

---

[1] 摩西五经（是希伯来圣经最初的五部经典：《创世记》《出埃及记》《利未记》《民数记》《申命记》。希伯来文称涛如阿为教导、指示及律法的意思。它是犹太教（Judaism）经典中最重要的部分。同时它也是公元前6世纪以前唯一的一部希伯来法律汇编，并作为犹太国国家的法律规范。其主要思想是：神的创造、人的尊严与堕落、神的救赎、神的拣选、神的立约、神的律法。

[2] 约西亚·威拉德·吉布斯（Josiah Willard Gibbs，1839年2月11日—1903年4月28日），美国物理化学家、数学物理学家。他奠定了化学热力学的基础，提出了吉布斯自由能与吉布斯相律。他创立了向量分析并将其引入数学物理之中。

希·玻尔兹曼[1]提出的。下面我来谈谈他们的观点。

　　除了极少数例外，自然中事件的进程是不可逆的。如果我们试着想象，一种现象的时序正好与事实观察到的相反——正如用逆序播放的电影胶片——这样一种逆序，尽管很容易想象，但几乎总是与已确立的物理学定律相互矛盾。

　　所有事件的"导向性"都可以用力学或热统计学理论来解释，这种解释有充分理由可被称为最值得赞扬的成就。这里我无法详细解释其中的物理学理论，但这也不妨碍我们掌握其中要点。如果不可逆性只是被看成原子和分子微观机制的一种基本性质，就显得不够准确了。这比中世纪纯粹的字面解释好不了多少，比如这样的解释：火是热的，因为它燃烧的特性。确实如此。根据玻尔兹曼所言，我们面临着一种自然倾向，即任何有序状态都有转为无序状态的倾向，反过来绝不成立。举个例子，有一副你仔细排好序的扑克牌，从7、8、9、10开始，接下来是J、Q、K、A，每个花色都如此排序。如果这副排好序的牌被洗牌一次、两次或三次，那么它将逐渐变成一种随机顺序，但这并不是洗牌过程本身的固有特征。鉴于后来的混乱牌序，有人会想到有一种完美的洗牌，正好可以消除掉第一次洗牌的影响，使它恢复到原始顺序。但几乎没有人会期待这种情况在现实中真实发生，实际上这种情况可能要等相当长的时间才会在现实中偶然出现。

　　这就是玻尔兹曼对于自然中一切事件具有单一方向特征的解释的

---

[1] 路德维希·玻尔兹曼（Ludwig Edward Boltzmann，1844年2月20日—1906年9月5日），奥地利物理学家、哲学家，热力学和统计物理学的奠基人之一。作为一名物理学家，他最伟大的功绩是发展了通过原子的性质（例如，原子量、电荷量、结构等）来解释和预测物质的物理性质（例如，黏性，热传导，扩散等等）的统计力学，并且从统计意义对热力学第二定律进行了阐释。

核心（当然，包括有机体从生到死的生命历程）。他的解释最大的优点在于，"时间箭头"（爱丁顿爵士如此称呼）与交互机制无关，在这个例子里，交互机制指的就是洗牌。这种行为、这种机制不包含任何过去和将来的概念，它本身是完全可逆的，指代过去与将来的"箭头"只是出于统计学考虑。在我们扑克牌的例子中，我想说的重点在于，只有一种或非常有限的几种有序的排列方式，但却有成千上万种无序的排列方式。

但这个理论却一次又一次地遭人反对，有时还有非常聪明的人。反对理由主要归结为：该理论缺乏逻辑基础。因为，如果基本机制不能区分时间的两个方向，但可以完美地对称地进行工作，那么他们的合作是如何导致了偏向某一个方向的整体行为，或者说综合行为？而一个方向上出现的行为必定会在反方向上同样出现。

如果这个观点是充分的，似乎对于上述理论就是致命的。因为它所针对的就是上述理论的主要优点：从可逆的基本机制中产生不可逆的事件。

其实，这个观点是非常充分的，但并不致命。说它是充分的是因为，它断言在一个方向上发生的事件必然会在相反方向上发生，这从一开始就被认为是一个完美的对称变量。但我们不能贸然断定：通常在两个方向上都是成立的。谨慎一点说，在任何特定的情况下，事件一定会发生在某一个或另一个方向上。在这里必须补充：在我们已知的这个世界中，"耗散"（用一个偶尔使用的术语）发生在某一个方向，我们把这个方向称为从过去到未来。换句话说，必须允许热统计学理论通过自身的定义，来全权决定时间流逝的方向。（这对物理学家的方法论有着重大影响。他绝不能再引入任何可以独立决定时间箭头的概念，否则玻尔兹曼的美丽大厦就会轰然倒塌。）

　　也许有人担心，在不同的物理体系中，时间的统计学定义并不一定会导致相同的时间方向。玻尔兹曼勇敢地面对着这样的可能性；他坚持认为，如果宇宙是无限的，且/或存在了足够长的时间，在世界上某些遥远的地方，时间也许会向相反的方向流动。这个观点引起了争论，但实际上它并不值得再继续争论下去了。对我们来说答案相当明了，但玻尔兹曼当时并不知道，我们的宇宙既不足够大，年代也不够久远，以至于不可能大规模地引起这样的时间逆转。请允许我再简单地补充一点，这样的逆转已经可以在小范围内（很短的时间和很小的空间范围）实现。（布朗运动[1]，M.von斯莫卢霍夫斯基）

　　在我看来，"时间的统计学理论"对时间哲学的影响比相对论对它的影响更大。无论相对论多么具有革命性，它没有触及时间的不定向流动，只限于假设。而统计学理论却是从事件的次序中建构起来的，这就意味着从时间这个暴君中解放出来了。所以我相信，在我们的脑海中建构的我们自己，并不能绝对控制我们的意识，既不能推动它，也不能废止它。但我相信，你们当中有些人也许会称之为神秘主义。根据目前的知识，物理学理论在任何时候都是相对的，因此它总是基于某些基本的假设，所以我相信，当前的物理学理论强有力地表明，意识不会轻易被时间摧毁。

---

　　[1] 布朗运动（Brownian movement），微小粒子表现出的无规则运动。1827年英国植物学家R.布朗在花粉颗粒的水溶液中观察到花粉不停顿的无规则运动。进一步实验证实，不仅花粉颗粒，其他悬浮在流体中的微粒也表现出这种无规则运动，如悬浮在空气中的尘埃。后人就把这种微粒的运动称之为布朗运动。1905—1906年A.爱因斯坦和M.von斯莫卢霍夫斯基（波兰科学家）分别发表了理论上分析布朗运动的文章。

第六章　感知的奥秘

　　在最后一章中，我希望更详细地说明事物的一种奇怪状态，德谟克利特在他的著名论断中就已经注意到了这种奇怪状态：一方面，我们关于周围世界的知识，包括从日常生活中获得以及那些设计精巧、费尽周折的实验所揭示的知识，都依赖于我们的直接感知；而另一方面，这些知识却不能揭示感知与外部世界的关系，以至于在我们在科学发现的基础上构建的外部世界的图像或模型中，总是缺少所有的感知成分。所以我相信，人们很容易接受这个观点的第一部分，但却不常意识到观点的第二部分，原因很简单，因为非科学家通常都对科学心存敬畏，并且相信我们科学家能够运用我们"难以置信的精妙方法"去弄清楚那些也许没有人类可以弄清楚，而且永远也弄不清楚的问题。

　　如果你问一个物理学家黄光是什么，他会告诉你这是一种横向电磁波，波长大约在590纳米左右。但如果你继续问他：黄光从何而来？他会说：其实根本没有黄光，这只是一种振动，当它射到正常人的视网膜上时，就会给人产生黄光的感觉。再进一步询问下去的话，你会听到不同的波长产生了不同的光感，但也不是所有的光都是可见的，只有波长在大约400纳米～800纳米时才行。对物理学家来说，红外光（波长大于800纳米）和紫外光（波长小于400纳米）和400～800纳米之间的可见光基本上是同一种现象。那这种对光的特殊选择是如何产生的呢？很明显，这与阳光辐射能量[1]的多少紧密联系：阳光辐射能在可见光区是最强的，随着波长变长或变短而逐渐减弱。同时，肉眼感觉最亮的颜色，黄色，就位于这个区域中间，阳光辐射能量最大的地方。

也许我们会进一步发问：只有波长为590纳米左右的辐射光看起来是黄色吗？答案是：绝非如此。如果波长为760纳米的光波（看起来应为红光）与波长为535纳米的光波（看起来应为绿光）以一定比例混合，这样的混合波看起来就和波长590纳米的光波一样是黄色，肉眼无法看出区别。而两个相邻区域分别用混合光和单色光照射，看起来几乎也完全相同，无从辨别。我们能够从波长做出一些预测吗——这些光波的客观物理特征会不会存在某种数值关联？答案是没有。所有的混合光波长图都是通过实验数据得出的；这张图也叫作颜色三角形[2]，但混合光的颜色也并不是只与波长相关，混合光的波长

---

[1] 太阳辐射能量分布在三个光区、紫外区、可见光区和红外区。紫外区波长最短，能量分布最少，可见光区波长居中，集中在0.0.76μm之间，能量占太阳辐射能的50%左右，所以太阳辐射能主要集中在可见光区。红外区波长较长，能量较可见光区少，较紫外区大。

[2] 麦克斯韦颜色三角形（Maxwell's color triangle）亦称"颜色三角"。是颜色标定技术。麦克斯韦最早提出。基本形状为一等腰直角三角形。三个顶角分别代表红、绿、蓝三种基色（分别标识为R、G、B）。r和g分别为等腰直角三角形的两直角边，代表R和G在三种基色中的相对比例。6表示B在三种基色中的相对比例，由6—1—（r+g）计算得到。

并不一定处于两个单色光之间，例如处于光谱两端的红光和蓝光混合之后产生的紫光并不属于光谱中任何单色光。而且，上面所说的颜色三角形，在不同的人看来也会存在细微差别，而在某些三色视觉异常的人（不是色盲）看来，与常人的差别可能会相当大。

物理学家对于光波的客观描述不能解释为什么不同波长的光会产生不同颜色的光感。既然生理学家在视网膜和视神经束以及大脑方面拥有更加完备的知识，他们能够解释这一点吗？我认为还是不能。我们最多可以了解，哪些神经纤维兴奋了，兴奋的神经纤维占多大比例？或许可以确切地了解，当我们的意识从视觉的某一特定方向或区域接收到黄色的感觉时，这些神经纤维在特定脑细胞中引起了怎样的变化过程？即使我们对这些生理过程了解得多么细致，我们还是对颜色的感受一无所知，在这个例子中，我们还是不了解黄色是如何产生的，同样，我们也不清楚甜味及其他一些感觉是如何产生的。我想说的很简单，我们几乎可以肯定，对神经过程的任何客观描述中不会包含"黄色"或"甜味"这些特征，正如对电磁波的客观描述中也没有包含这些特征一样。

对于其他感觉的描述也是一样。如果把我们刚才讨论的色觉与听觉相比较的话，会是件很有趣的事。声波通常由弹性波[1]的压缩和膨胀在空气中传播。它们的波长——更准确地说——它们的频率，决定了我们听到的音高。（请注意，生理学中使用频率来描述声音，而不是波长，光也是一样。实际上，因为光在真空中和空气中的传播速

[1] 应力波的一种，扰动或外力作用引起的应力和应变在弹性介质中传递的形式。弹性介质中质点间存在着相互作用的弹性力。当某处物质粒子离开平衡位置，即发生应变时，该粒子在弹性力的作用下发生振动，同时又引起周围粒子的应变和振动，这样形成的振动在弹性介质中的传播过程称为"弹性波"。

度没有明显区别，频率和波长这两者是互为倒数的。）我无需告诉你们，"可听到的声音"的频率范围与"可见光"的频率范围区别很大。可听到的声音的频率从大约每秒12—16次，一直到每秒20000—30000次，而可见光的频率则是几百万亿次之多。然而"可听到的声音"相对的频率范围比"可见光"的范围要大，声音的范围跨越10个"八度[1]"，而光还不到一个"八度"。此外，声音会随着个体而产生变化，尤其会随着年龄变化：音高的上限通常会随着年龄增长而显著降低。但最令人吃惊的事实是，几种不同频率的声音混合起来，永远不会和某一种中间频率的音所产生的音高感觉相同。在很大程度上，这种叠加的音可以被单独感知出来——尽管是同时产生——特别是那些音乐造诣高的人。把一些强度和特定不同的较高音符（泛音）混合起来，就会产生不同的音色，我们可以据此来区分小提琴、喇叭、教堂钟声或是钢琴的声音，即使只听到一个音符也可以辨别。但就算是噪声也有音色，从中我们可以推断出发生了什么，即使是我的狗也对打开某个铁盒的声音特别熟悉，因为它偶尔可以从中得到一块饼干。在所有这些当中，重叠声音的频率比是最重要的。如果它们都以同样的比例变化，就像快速或慢速播放留声机唱片，我们仍然可以识别出发生了什么。但依赖于某个绝对频率的特征就会消失了。如果快速地播放一张人声的唱片，元音的变化最为明显，尤其像"car"里面的"a"的发音就会变成"care"里的"a"一样。频率连续变化

---

[1] 现代生物学研究表明，人耳的敏感程度与声音频率大致呈指数关系。例如：对人类的听觉来说，220Hz到440Hz之间的差距与440Hz到880Hz之间大致相同。所以我们可以给它们相同的音名。比如C，然后划分为不同的音域。虽然古人不懂物理和生物，但是他们还是不约而同地依据经验发现了这个现象。每当声音的频率翻倍，我们就记它为一个单位——西方叫"八度"，东方叫均。

的声音总是不那么悦耳，无论是按次序发出（就像是警报声或咆哮的猫叫声），还是同时发出（这种情况比较难以实现，除非是许多警报或一大群猫同时咆哮）。这一点再次与光完全不同。我们通常感知到的所有颜色基本都是连续混合光，而连续的色彩渐变，无论在画作还是在自然中，都是一幅美景。

　　通过对耳朵的作用机制的探究，我们就可以充分掌握听觉的主要特点，实际上，相对于视网膜，我们对耳朵的化学结构和性质了解得更加丰富和准确。最主要的器官是耳蜗，一个卷曲的骨管，看起来就像某种海螺的壳：一个蜿蜒的微型楼梯，越往上走越狭窄。楼梯上没有台阶，取而代之的是一张张沿着蜿蜒楼梯伸展的弹性纤维，形成了耳膜，耳膜的宽度（或者说每根纤维的长度）从"底层"到"顶层"逐级递减。就像竖琴或钢琴的弦，不同长度的纤维对不同频率的振动做出机械反应。对于某一个特定频率，耳膜上的一小块特定区域——不只是一根纤维——会做出反应，同样地，对于更高的频率，耳膜上另一块纤维较短的区域会做出反应。特定频率的机械振动会在特定的神经纤维中产生众所周知的神经冲动，从而传导到大脑皮层的特定区域。我们知道这个传导过程在所有的神经纤维中都几乎相同，只随着刺激强度而变化，因为刺激强度影响脉冲频率。不要把这里的脉冲频率和声音频率混淆起来（这两者之间毫无关联）。

　　实际情况比我们想象的要复杂得多。假设一个物理学家设计了耳朵的结构，为了获得对音高和音色的良好区分度，他设计的耳朵结构也许全然不同，但也有可能会回到原本的样子。如果耳膜上的每根"弦"只对进入耳朵的振动产生的某个特定的频率做出反应，那么情况就简单明了多了。但事实并非如此。为什么并非如此？因为这些

"弦"的振动都经受了巨大的衰减，当然这样可以扩大这些"弦"的共振范围。我们的物理学家想尽办法使他构造的耳膜结构受到最低程度的衰减，但这会产生很严重的后果，以至于当声源声波已经停止，但我们听到的声音还会持续一段时间，直到耳膜中这个低阻尼的共振器停止活动。这样尽管我们可以清楚地辨别出音高，但我们牺牲了及时辨别下一个音的能力。令人困惑的是，我们的耳朵构造却可以完美地照顾到这两方面。

　　这里我讨论了一些细节，目的是让你了解，无论是物理学家还是生理学家的描述，都没有包含任何关于声音感知的特点。这种描述最后总是以一句这样的话结尾：这些神经冲动被传导到大脑的某个特定部分，解读为一连串的声音。当耳膜产生振动的时候，我们可以测量空气中压力变化，我们可以了解，这种振动是如何通过一串细小的骨头传导到另一张薄膜上，最终传导到耳蜗里耳膜的特定区域，上文已经提过，耳膜是由不同长度的神经纤维构成的。我们也许还可以跟踪这种传导直到大脑皮层，甚至还可以了解一些大脑皮层的运作原理。然而，对于"如何解读为声音"这个问题，我们始终不得而知，这个问题简直不属于科学范畴，只存在于个人的意识当中。

　　我们用同样的方式来讨论触觉，冷热，嗅觉以及味觉。后面两者，有时也被称为化学感官（嗅觉可用来检测气体，味觉用来检测液体），也与视觉有相同之处，即对无限种可能的刺激，它们只会产生有限的几种感觉反应，比如味觉包含苦、甜、酸、咸及其混合。嗅觉的种类要比味觉更丰富，特别是某些动物的嗅觉比人类要灵敏得多。到底是物理或化学刺激的哪些客观特点显著改进了感官，在动物界中也是千差万别。例如，蜜蜂的视觉可以看到紫外光；它们是真正的三色视者[1]（而非二色视者，因为在早先的实验中忽略了紫外光）。正如慕尼黑的弗里希[2]不久前发现，非常有意思的是，蜜蜂对光的偏振[3]痕迹十分敏感；这可以帮助它们用一种神秘而精确的方法来根据太阳定位方向。对人类来说，即使是完全偏振光，我们也无法把它和非偏振光区别开来。蝙蝠已被发现对极高频率的振动（"超声"）敏感，这种振动远远高于人类的听觉上限。它们可以自己发出超声，把它用作一种"雷达"，来躲避障碍物。人类对冷热的感知显示出一种奇怪的特性——"两级相同"：如果我们不小心碰到了一个非常冷的物体，我们也许有一个瞬间会感觉这是滚烫的，已经烫伤了我们的手指。

一些二三十年前的美国化学家发现了一种奇怪的化合物，我暂时忘记了名字。这是一种白色的粉末，有人觉得是无味的，但另一些人却认为极其苦涩。这种现象引起了人们极大的兴趣，也得到了广泛的研究。在这个例子中，成为"有味者"的特性是个体天生具有的，与其他任何条件无关。此外，这种特性也遵循孟德尔遗传定律，与血型的遗传特征十分相似。和血型一样，作为一个"有味者"或是"无味者"似乎并没有任何优势或劣势，只是"有味者"的该基因是杂合的，两个等位基因中有一个是显性基因而已。在我看来，这种偶然发

---

[1] 常人一般拥有三种类型的视锥细胞，每种类型的细胞能够识别出一种颜色——绿色、红色，或蓝色，因此这样的普通人也被称为"三色视者"。

[2] 卡尔·冯·弗里希（Karl von Frisch，1886—1982）德国著名昆虫学家，昆虫感觉生理和行为生态学创始人。1973年与廷伯根、洛伦兹共获诺贝尔生理学或医学奖。

[3] 偏振是指横波的振动矢量（垂直于波的传播方向）偏于某些方向的现象。纵波不发生偏振。振动方向对于传播方向的不对称性叫作偏振（polarization），它是横波区别于其他纵波的一个最明显的标志。光波电矢量振动的空间分布对于光的传播方向失去对称性的现象叫作光的偏振。只有横波才能产生偏振现象，故光的偏振是光的波动性的又一例证。

现的物质不大可能是独一无二的，所以"众口难调"是个非常普遍而真实的现象！

让我们再回到光的例子，下面让我们就光是如何产生的以及物理学家是如何发现它的客观特性等方面做略为深入的讨论。到目前为止，人们普遍认为，光是由电子产生的，特别是那些在原子核周围"做一些工作"的电子。电子既不是红色、蓝色也不是其他任何颜色；质子（或者说氢核[1]）也是一样，但根据物理学家的研究，这两者在氢原子中的结合会产生某种不连续波长的电磁辐射。当通过棱镜或光栅时，辐射中的同种成分就会被分离，经过某种生理过程，从而使观察者产生红、绿、蓝、紫的感受。这种生理过程的基本特征已为人熟知，所以可以肯定地说电子和质子不是红色、绿色或蓝色，实际上神经细胞也没有因刺激而显出任何颜色。与伴随着刺激而产生的色感相比，神经细胞本身因刺激与否而呈现的白色或灰色就不那么重要了。

然而，我们关于氢原子辐射以及它的客观物理性质的知识，来源于个人观察氢蒸汽的彩色光谱线在光谱内的位置而得来。这种方法使我们获得了第一手资料，但绝不是完备的知识。为了获得更完备的知识，我们不得不首先消除人们的主观感受，在这个典型的例子中，还是值得这么做的。颜色本身不会显示任何关于波长的信息；实际上我们已经知道这一点，例如，如果没有分光镜的分解作用，一条黄色的光谱线在物理学家眼里也许并不是"单色的"，而是有许多不同波长的光组合而成；而分光镜可以让特定波长的光聚集在光谱的特定位置，所以无论光源如何，光谱的特定位置上总是显示相同的颜色。即

---

[1] 一个质子相当于是氢核，因为氢的原子核是一个质子组成的。

便这样，色彩的感受仍然无法提供任何直接线索去推断光的物理性质、波长，更不用说我们相对较弱的光的色调辨别，这一点使得物理学家十分不满。一开始人们推断蓝色是由长波引起的，而红色是由短波引起的，而事实上正好相反。为了使我们对于来自任何光源的光的物理性质具有更完备的知识，必须使用一种特殊的分光镜——衍射光栅。不可以用棱镜替代，因为我们事先并不知道不同波长的光的折射角度。不同材料的棱镜也不一样。事实上，通过棱镜我们甚至无法得出，波长越短，折射率越大的规律。

衍射光栅的原理远比棱镜简单。基于对光的基本物理假设——光仅仅是一种波，如果测量出光栅中每英寸等距沟槽的数量（数量级通常为"千"），那我们就可以计算出给定波长光的精确折射角；反过来，我们还可以通过"光栅常数"和折射角推断出光的波长。在某些情况下（尤其是塞曼和斯塔克效应[1]中），一些光谱线发生了偏振。为了完成在此方面的物理描述，因为肉眼完全觉察不出，所以我们需要在分解之前，在光束经过的路径上放置一个偏光器（尼科尔棱镜），然后在轴线周围缓慢地转动棱镜，你会发现在棱镜处于某些特定角度时，一些光谱线就消失了或是亮度降到最低，这就是它们完全或部分偏振的方向（与光线垂直）。

一旦这种技术成熟，它的应用将远远超过可见光的范围。发光蒸汽的光谱线将不再局限于可见光范围，因为不再需要肉眼去辨别。这些光谱线可以形成长长的、理论上无限的序列。每个序列的波长都

---

[1] 塞曼效应指在原子、分子物理学和化学中的光谱分析里是指原子的光谱线在外磁场中出现分裂的现象。斯塔克效应指原子或分子在外电场作用下能级和光谱发生分裂的现象。

遵循一个相对简单的数学规律，它的特点是，序列上所有的波长都统一地遵循这个规律，无论是不是位于可见光范围内。这些规律首先是在实验室中发现的，但现在已经拥有理论解释了。当然，在可见光范围之外需要用一块感光板来代替肉眼。波长可以通过纯测量的方式获得：首先，一劳永逸地测量光栅常数——相邻的沟槽之间的距离（每单位长度沟槽数目的倒数），然后通过测量感光板上光谱线的位置，加上已知的装置体积，我们就可以算出折射角。

这些都是众所周知的事实，但我想要强调两个重点，它们适用于几乎所有的物理测量。

我在这里详细描述的情况经常被说成，随着测量技术的不断改进，观察者正在逐渐被越来越精密的设备所取代。这样的说法，在目前的情况下，当然不是真的；观察者不是逐渐被取代的，而是从一开始就被取代了。我在前面已经解释过，观察者获得的多彩的印象对于研究光的物理性质毫无用处。在控制光栅和测量某些长度角度的装置发明之前，即使是光的物理性质和物理成分等我们认为最粗浅的定性知识也无从而知。工具的发明是非常重要的一步。无论后来如何改进，但本质上依然保持不变，因此这种改进从认识论角度来看是不重要的。

第二点是观察者永远不会被仪器完全取代。如果真的如此，他就无法获得任何知识。他必须首先制作出仪器，并且在制作时或是制作后，他必须仔细地测量仪器的大小，并且检查仪器上可活动的部分（例如一根围绕锥形针转动并沿着圆形角度仪滑动的支撑臂），从而确定仪器的运动符合他的预期。诚然，对于某些仪器的测量和检查工作需要依赖制造和销售该仪器的工厂，但所有这些信息最终还是会反馈给某个人或某些人的感官那里，尽管人们已经制造出很多精妙的装置来替代这项劳动，但最终，在研究中使用了仪器之后，无论是直接显示的角度或距离，还是显微镜下的测量，或是记录在感光板上的光谱线，观察者必须去读出数据。很多有用的装置可以方便这项工作，例如在感光计的透明片上，可以显示出一个放大的图表，这样就可以很容易地读出光谱线的位置。但这些数据还是得有人去读啊！观察者的感官最终还是必须介入，如果没有人观察，就算是最精密的记录，也对我们没有任何帮助。

　　于是我们又回到了这种奇怪的情况：尽管我们对现象的直接感知对于了解物质的客观性质毫无帮助，因此感知作为信息的来源不得不从一开始就被抛弃，然而，我们获得的理论图景最终还是完全依赖于错综复杂的各类信息，而这些信息却都是通过直接感知而获得的。理论图景以信息为基础，由碎片信息组合而成，但不能说图景包含着信息。在使用上述理论图景时，我们往往忘记了这些信息，只是大体上知道在我们对于光波的了解并不是一种偶然的突发奇想，而是建立在实验的基础上。

　　当我发现，生活在公元前5世纪的伟大哲学家德谟克利特已经清楚地理解了这种奇怪的情况时，我感到十分惊讶，因为他对于任何可与现代的物理测量仪器相媲美的装置一无所知。（我刚刚提到的还仅仅是我们时代最简单的仪器。）

　　盖伦[1]为我们保存了一个论断，其中德谟克利特描述了智慧和感

---

[1] 克劳迪亚斯-盖伦（Claudius Galenus，129—199），也被称为"帕加玛的盖伦"（Claudius Galenus of Pergamum，帕加玛位于土耳其），是古罗马时期最著名最有影响的医学大师，他被认为是仅次于希波克拉底（Hippocrates）的第二个医学权威。盖伦是最著名的医生、动物解剖学家和哲学家。

觉关于"真实"的一场辩论。智慧说："表面上有色彩，表面上有甜蜜，表面上有苦涩，实际上只有原子和空虚，"感觉反驳道："可怜的智慧，你希望借用我们的证据来打败我们吗？你的胜利就是你的失败。"

在本章中我已经尝试用最简单的例子，从最朴素的科学（也就是物理学）中，来对比两个基本的事实：（a）所有的科学知识都是基于感知；（b）尽管如此，以这种方式形成的对自然过程的科学观点缺乏所有的感知特质，因此不能对感知做出解释。让我用简单的话做出总结。

科学理论促进了我们的观察和实验研究。每一个科学家都知道，至少在一些原始理论雏形出现之前，想要记住一组适度扩展的事实有多难。因此，不足为奇的是，不少原始论文和教科书的作者在一个相当严密的理论形成之后，并不愿意把他们发现的基本事实告诉读者，而是给这些事实穿上理论术语的外衣。我无意去指责这些作者，但这种方式，尽管对我们有序地记忆一些事实很有帮助，却易于掩盖实际观察和经观察得出的理论之间的区别。而又因为实际观察总是包含一些感知成分，所以理论总是被认为可以对感知做出解释，然而，这是不可能的。

自　传

在我一生中的大部分时间内，我和我最好的朋友，实际上是我唯一亲密的朋友，一直住得很远。（也许这就是有人指责我并没有真正的朋友，只有泛泛之交的原因。）

他研究的是生物学（严格说是植物学）；我研究的是物理学。我们常常在晚上来回漫步在格鲁克街和施鲁塞尔街之间，沉浸于哲学问题的讨论。我们当时根本不知道，这些我们看来相当新颖的话题实际上已经困扰了那些伟大的思想家好几个世纪了。教师们难道不总是想方设法去避开这些话题以免与宗教教义相冲突，从而导致一些令人不适的质疑吗？这就是我反对宗教的主要原因，而此也并未对我造成任何影响。

我有点记不清了，我和弗兰策尔的上一次见面是在一战之后，还是在我住在苏黎世期间（1921—1927），甚至更晚一些在柏林期间（1927—1933）。在维也纳郊区的一家咖啡店里，我们彻夜长谈，凌晨时分依然谈兴正浓。他似乎改变了很多，毕竟，这些年来我们书信往来少之又少，也没有什么实质内容。

我应该早点提到，我们也曾一起阅读理查德·塞蒙的著作。这是唯一的一次，除此以外我没有和其他人一起读过任何严肃的书籍。塞蒙很快就被生物学家禁止了，因为在他们看来，塞蒙的观点是基于获得性状的遗传定律。所以塞蒙的观点被人遗忘，很多年以后，我又从罗素[1]的书（《人类的知识》）中再次看到了他的名字，罗素深入地研究了这个善良的生物学家，强调了他的记忆基质理论的重要意义。

---

[1] 伯特兰·阿瑟·威廉·罗素（Bertrand Arthur William Russell，1872年—1970年），英国哲学家、数学家、逻辑学家、历史学家、文学家，分析哲学的主要创始人，世界和平运动的倡导者和组织者。主要作品有《西方哲学史》、《哲学问题》、《心的分析》、《物的分析》等。

后来，我和弗兰策尔一直没有再见面。直到1956年在维也纳，我们在我位于巴斯德街4号的公寓中短暂小聚，当时还有其他人在场，所以这15分钟的会面几乎不值一提。弗兰策尔和他的妻子住在我们国界的北面，看起来似乎未受当局的限制；然而，离开国家仍然变得相当困难。我们之后再也没有见面：两年之后他突然离世了。

现在，我和他可爱的侄子和侄女仍然是朋友，他们是弗兰策尔最爱的弟弟西尔维奥的孩子。西尔维奥是家里最小的孩子，在克雷姆斯做医生，1956年我回奥地利时我去那里拜访了他。那时他一定已经病得很严重了，因为之后不久他就去世了。弗兰策尔的另一个兄弟，E.仍然活着，他是克拉根福一名受人尊敬的外科医生。他曾经把我带到艾恩斯渠（多洛米蒂山），还看着我安全地走下去才离开。可惜的是我们由于世界观的不同已经失去了联系。

1906年，在我进入维也纳大学后不久，（这是我上过的唯一一所大学，）伟大的路德维希·玻尔兹曼在杜伊诺不幸去世了。至今我都无法忘记，弗利茨·哈泽内尔[1]用他那清晰、准确、充满热情的语言向我们描述玻尔兹曼的工作。作为玻尔兹曼的研究者和继承者，他在1907年的秋天于老土耳肯街的原始演讲厅做了他的就职演讲，没有任何庆典和仪式。他的介绍给我留下了深刻的印象，在物理学上，哈泽内尔对我的影响甚至超过了普朗克和爱因斯坦。顺便提一下，爱因斯坦的早期工作（1905年之前）也显示了他被玻尔兹曼的理论深深吸引。通过把玻尔兹曼的等式$S=klgW$反转，他成为唯一一个把他的理论向前推进的人。也许除了我的父亲，哈泽内尔是对我的影响最大的人，在我们多年一起生活的过程中，他跟我聊了很多他感兴趣的话

---

[1] 奥地利物理学家（Fritz Hasenöhrl）。

题。这一点在后面还会详聊。

还是个学生的时候，我和汉斯·蒂林[1]就成了好朋友。我们的友谊持续了很多年。1916年，当哈泽内尔在战争中遇害，汉斯接替了他的职位；他于70岁时退休，放弃了保留名誉教授职位的特权，把玻尔兹曼的讲座教授席位[2]留给了他的儿子，沃尔特。

1911年以后，当我还是埃克斯纳[3]的助手时，我遇到了R.W.F.科尔劳施[4]，这份友谊也持续了很长时间。科尔劳施因为用实验证明了所谓的"施威德勒波动"而声名鹊起。战争爆发的前一年，我们一起研究"次级辐射"，它可以在不同材料的小板块上，以可能的最小角度制造出一束（混合的）伽马射线。那些年里我学到了两样东西：第一，我并不适合实验工作；第二，我周围的环境包括身边的人都没有能力再取得大规模的实验进展。原因很多，其中之一是在古老迷人的维也纳大学有很多好心的糊涂人，常常由于资历深厚，被安排在重要岗位上，从而阻碍了一切进展。但愿人们能意识到我们需要的是真正具有思想和智慧的科学家，即使这意味着要从很远的地方引进人才！大气电学和放射现象都是首先在维也纳大学发展起来的，但真正愿意为此献身的人却不得不追随这些理论到其他地方，就像丽斯·迈特纳[5]离开了维也纳去了柏林。

---

[1] 汉斯·蒂林（Hans Thirring）（1888—1976）奥地利理论物理学家。

[2] 玻尔兹曼死后，哈泽内尔继任了他的职位；哈泽内尔去世以后，汉斯继任；汉斯退休以后，他的儿子沃尔特继任。

[3] 美国物理学家，《关于自然科学的物理学基础的讲演》作者，最早在1891年提出了复眼的光重叠理论。——原注

[4] 鲁道夫·科尔劳施（Rudolf Kohlrausch）（1809–1858），德国物理学家，主要研究电磁学和电磁弛豫现象。——原注

[5] 丽斯·迈特纳（1878—1968），奥地利物理学家，核物理研究的开拓者之一。她所领导的实验室首次研发出核裂变理论，被称为"德国的居里夫人"。——原注

　　说回我自己：回想起来，我仍然十分感激我在1910—1911年的后备军官训练，让我被指派给弗利茨·埃克斯纳而非哈泽内尔，成为他的助手；这意味着我可以和科尔劳施一起做实验，使用很多精巧的仪器，把它们带回家，特别是那些光学仪器，依我的心意摆弄它们。因而我学会了设置干涉仪，观察光谱以及调和色彩等等。我也是此时才通过瑞利方程[1]发现我眼睛的绿色弱视问题。此外，我决心从事长期的实际操作，所以我意识到了测量的重要意义。我希望有更多的理论物理学家可以认识到这一点。

　　1918年，我们发生了一场革命。卡尔国王退位，奥地利变成了共和国。我们的日常生活没什么变化，但我的生活却因帝国的解体受到了影响。我接受了在切尔诺维茨担任理论物理讲师的职位，决定全身心投入研究哲学，我那时刚刚接触到了叔本华，让我了解到《奥义书》的"同一理论"。对我们维也纳人来说，一战的结果意味着我们再也不能满足生活的基本需求了。

　　饥饿是胜利的协约国对他们的敌人无数次U型潜艇战的报复和惩罚。潜艇战相当残酷，以至于在二战中，俾斯麦亲王的后人和追随者也只能在数量上超越它，而非战力上。除了农场，整个国家都在挨饿，我们可怜的妇女只能到那里去寻找一些鸡蛋、黄油和牛奶。尽管她们用针织的衣物、美丽的衬裙来交换食物，却仍然被人讥笑，被看作是乞丐。

　　在维也纳，招待朋友或社交活动已经基本无法进行。没有东西可以拿出来招待，即使最简单的菜也要留到礼拜天午餐才吃，而每天

―――――――――

　　[1] 该方程表示在针对色觉异常者的测试中，红光和绿光应以怎样的比例混合从而显示出一种特定的黄光。

去社区厨房聚餐在某种程度上弥补了这种社交活动的缺乏。"社区厨房"常常被称为"低劣厨房"[1]。我们就在那儿一起吃午餐，必须感谢那些食堂的妇女们，在物资极其匮乏的年代想尽办法给我们做出一些吃的东西。那种情况下，给30个或50个人做大锅饭无疑比给3个人做饭要容易一些。此外，帮助别人减轻负担本身也是有意义的。

在那里，父母和我遇到了一些志趣相投的人，其中一些人和我们家成了很好的朋友，比如拉东夫妇，他们俩都是数学家。我认为在某种程度上我们家相当困难。那时候我们住在一间大公寓里面（实际上是两间公寓打通而成的），位于一幢很贵的楼房的五层，这幢楼房属于我的外公。家里没有电灯，一方面因为外公不想付安装费，另一方面也因为我们，尤其是我爸爸已经习惯使用煤气灯，其实在那时电灯泡非常贵，加上效率又低，我实在看不出有什么使用的必要。我们用带有铜反射片的固体煤炉替换了原来的旧砖炉，因为那段时期仆人很难找，我们希望生活中的一切都能变得容易些。我们也用煤气做饭，尽管厨房里还有一个很大的烧木柴的炉子。日子还算顺利，直到有一天，某个上级官僚机构，也许是市政府，颁布了定量供应煤气的法令。从那天开始，无论我们多么迫切地需要煤气，每家每户一天只允许使用1立方米，一旦发现超出定量，煤气供应就会被切断。

1919年的夏天，我们去了卡林西亚省的米尔施塔特，我父亲那时62岁，开始出现了衰老的最初迹象，而这个问题最终成了他的致命疾患，但在我们当时并没有重视：每次我们出门散步时，他总是落在后面，特别是遇到上下坡的时候，他总是假装在欣赏花花草草来掩饰他的疲倦。从1902年左右开始，父亲的主要兴趣就是植物学。每到夏

---

[1] 德语中"社区"和"低劣的手段"的拼写十分相似。

天，他就为他的研究收集材料，并不是为了制作自己的植物标本，而是为了用显微镜和切片机做实验。尽管曾经画了无数的风景写生，他当时却已经放弃了追随意大利的名画家的志向和自己的艺术兴趣，转而成为一名形态基因学家和种系遗传学家。面对我们的催促和激将："哦，鲁道夫，快点儿吧！薛定谔先生，已经不早啦！"父亲表现出相当的不耐烦，但我们却未引起重视，对此熟视无睹，只认为是他太过专注的原因。

回到维也纳以后，这种迹象愈加明显，但我们仍然未严肃对待：他的鼻子和视网膜经常严重出血，最终双腿出血。我想他自己比任何人都更清楚，他的日子不多了。不幸的是这正好是那段煤气短缺的时期，我们只能使用碳丝灯，而他却坚持自己照看这些灯。难闻的臭气从他美丽的书房里飘出来，他已经把书房变成了一个碳化物实验室。

二十年前，当他和施穆策学蚀刻的时候，他就是在这间屋子用酸和氯水来泡铜和锌片；我那时还在读书，对他的行为非常感兴趣。但现在只有他自己在研究这些了，因为在服役了差不多四年以后，我很高兴地回到了我钟爱的物理研究所。此外，在1919年的秋天，我与后来的妻子订婚，如今我们已经结婚40年了。我不知道父亲是否得到了足够的医治，但可以肯定的是我本应该更好地照顾他。我本应该向理查德·冯·维特斯坦（奥地利植物学家）所在的医学中心寻求帮助，他毕竟是父亲的好朋友。更好的治疗能否减缓他的动脉硬化？如果可以的话，这对于病人来说是否真的是好事？

由于缺少库存，我们不得不在1917年关闭了位于斯蒂芬广场的油布油毯商店，只有父亲最清楚我们那时的经济状况。1919年的圣诞夜，他坐在自己的旧椅子上平静地离开了。

接下来的一年经历了疯狂的通货膨胀，这意味着父亲本就捉襟见肘的银行账户进一步缩水，尽管这点储蓄从来没有使家里摆脱贫困。他卖波斯毯的收入（被我）花得一个子儿不剩；他的显微镜、切片机以及书房里的很多东西，都在他死后被我贱卖掉了。父亲的最后几个月里，他最大的担忧就是我：当时32岁、正值壮年的我，却只能挣少得可怜的1000奥地利克朗（税前，我确信父亲一定把这笔收入报了税，除了我服役的那几年。）后来，在父亲去世前，我获得（并接受）了一个收入稍高的职位：在耶拿给马克斯·维恩做私人讲师和助手。在父亲眼中，这就是儿子唯一的成功。

我和妻子在1920年四月搬到耶拿，留下母亲独自一人，事实上直到今天我仍在后悔。母亲不得不亲自扛起整理和清洁公寓的重担。唉，我们是多么不明智啊！公寓的主人，也就是她的父亲，相当担忧我父亲去世以后房租将由谁继续支付。我们也实在无能为力，因此母亲只好把房间腾出来租给其他更有钱的房客。我未来的岳父好心地带来了新的房客，一个在"凤凰"保险公司工作的犹太商人，这家公司的业绩相当不错。所以母亲只好搬走了，我也不清楚搬到了哪里。要是当时我们没有这样盲目，我们应该就能预见，如果母亲能活得更久一些，这样家具齐全的大公寓可以为她提供多么良好的收入来源！数以千计的相似例子都可以证明这个想法。母亲在1921年的秋天去世了，死于脊椎上的肿瘤，她在1917年就接受过乳腺癌手术，而当时我们认为手术是成功的。

我很少记得梦，也很少做噩梦，除了很小的时候。但在父亲去世以后，很长一段时间，我一次又一次地做相同的噩梦：我父亲仿佛还活着，并且知道我把他精美的仪器和植物学书籍都送了人。我如此轻率且无法挽回地破坏了他的研究基础，他会怎么做？我相信是我的内疚导致了这样的梦，因为在1919年到1921年间我对父母的关心实在太少了。这是唯一可能的解释，因为我基本上不会受到噩梦或内疚的困扰。

我的童年和少年时期（大约1887—1919年左右）主要受我父亲的影响，不是以常见的教育的途径，而是通过一种更加平凡日常的方式，原因在于他在家的时间比大多数上班的男人要多得多，而我在家的时间也比较长。在我读书的头几年，除了一位家庭教师每周给我上两次课，我只需每天上午去文法学校，我们仍有每周上25小时课的优良传统。（只有两个下午必须去参加基督新教的教育。）

在那些场合我学到了很多东西，尽管并不一定和宗教的主题相关。学校的课时限制真是一笔宝贵的财富。如果学生对某课程感兴趣，他就会有时间思考，也可以在课程安排以外额外上私人课程。我对我的母校（维也纳科学中学[1]）充满好感：在那里很少感到无聊，就算偶尔确实如此（比如我们的初级哲学课程非常糟糕），我也可以把注意力转向其他课程，比如法语翻译。

这一点上我想补充一些更加普遍的观点。遗传的决定性因素——染色体的发现似乎给了社会充分的理由去忽视其他同等重要而且更熟知的因素，比如交际、教育和传统。人们认为这些因素没有染色体重要，因为从遗传学的角度来看，它们都不够稳定。

---

[1] Akademisches Gymnasium，成立于1553年，维也纳最古老的中学。该校以提供人本主义教育和相对自由的校园氛围而著名。

　　这没错。但是，也有卡斯帕·豪泽尔[1]这样的例子，还有一群塔斯马尼亚岛[2]的"石器时代"的孩子，只是最近才被带到英语环境中生活，接受一流的英式教育，结果是他们都达到了英国上流阶层的教育水平。这个例子难道无法证明，染色体密码和文明的社会环境一起造就了我们这样的人类？换句话说，个体的智力水平受到"天资"和"教养"的双重影响。因此，（不像我们的玛丽娅·特蕾莎[3]女皇希望看到的那样，）学校对个人的引领作用是不可估量的，但却没有多少政治意图。良好的家庭背景就像培土，只有土壤肥沃，学校播种的种子才能茁壮成长。可惜很多人忽视了这个事实，他们认为只有缺乏家庭教育的孩子才应该上学接受更高等的教育（若真的如此，他们自己的孩子是否也不应该去上学？）英国上流社会竟然也持这种观点，他们用寄宿制学校来代替家庭生活，认为早早离家是贵族的标志。

　　所以即使是在位的女王也不得不和她的长子分开，把他送入这样的机构。严格来说这一切都与我无关，只是我经常回想起，早年与父亲相处的时光多么让我获益匪浅，如果父亲不在身边，我可能从学校里学不到什么。每当这样想的时候，上述观点就出现在我的脑海。他

―――――――――

　　[1] 德语原名：Kaspar Hauser，（1812年4月30日？—1833年12月17日），德国著名人物、野孩子，声称成长在一个与世隔绝的小黑屋里。他的陈述和他后来的刺杀身亡引起了公众极大的争论，因为当时流传其真正身份，是德国巴登省的太子，但一直遭到历史学家的否认。

　　[2] 塔斯马尼亚岛是塔斯马尼亚州所在地，澳大利亚联邦唯一的岛州，在维多利亚州以南240公里处，中间隔着巴斯海峡。

　　[3] 玛丽娅·特蕾莎（德语：Maria Theresia；全名Maria Theresia Walburga Amalia Christina，1717年5月13日—1780年11月29日），又译玛利亚·特蕾西亚，是奥地利大公和国母，匈牙利女王和波希米亚女王。神圣罗马帝国皇帝查理六世之女，神圣罗马帝国皇帝弗朗茨一世的妻子。

的学识真的比学校里教的多得多，并不因为他比我早30年开始学习，而是因为他总是充满好奇心。这里如果展开描述，就说来话长了。

后来，他的兴趣转向植物学，而我也如饥似渴地读完了《物种起源》，我们的讨论就有了不同的话题，与学校里教的当然不同，因为我们的生物课上仍是禁止谈及进化论的，而且宗教老师也称之为异端邪说。当然我很快就成了达尔文主义的狂热追随者（说起来，现在仍然还是），而父亲受朋友的影响，则督促我小心谨慎。一方面是自然选择和适者生存，另一方面是孟德尔定律和德弗里斯突变理论，这两方面的关系至今还未充分揭示。即使今天我也无法理解为什么动物学家总是极其信赖达尔文，植物学家却表现得相当谨慎。然而，在有件事上我们意见一致。当我说到"一致"时，我特别想起了霍夫赖特·安顿·汗得里希，他是自然历史博物馆的一名动物学家，也是我父亲的朋友中我最喜欢的一位，我们一致同意：进化理论的基础是因果论，而非目的论：另外，自然界不存在什么特殊的定律，例如活力、圆极或定向进化力等，可以作用于生命体，可以废除或抵消无生命界的普遍定律。我的宗教老师也许会对此观点感到不悦，但我并不在意。

我们家习惯在夏季旅行。这不仅给我的生活增添了色彩，也激发了我对知识的渴望。我记得在我上初中之前，有一年去英格兰，我住在位于拉姆斯盖特[1]镇的母亲的亲戚家。那里宽广的海滩是我骑驴[2]和学自行车的理想场所。强烈的潮汐变化吸引了我所有的注意。沿着海滩搭设有很多小洗澡棚，它们带有轮子可以移动，随着潮水的

---

[1] 位于英国肯特郡东部塔奈特区的海滨小镇。

[2] 骑驴是英国海滨度假区的传统特色。

涨落，一个人牵着他的马一直忙着把这些小屋拉来拉去。在英吉利海峡，我头一次注意到，当遥远的船只还未出现时，我们提前很久就可以在海平面看到船上的烟囱冒的烟，这是由于水面存在曲率的原因。

在利明顿的马德拉别墅，我见到了我的外曾祖母，人们叫她罗素尔，所以她住的那条街也被称为罗素尔街，我相信这是为了纪念逝去外曾祖父。我母亲的一个姨妈也曾和她的丈夫阿尔弗雷德·科克住在那里，还有6只安哥拉猫。（后来据说有20只。）此外她还养了一只普通的公猫，在夜间活动之后经常很伤心地回来，所以人们叫它托马斯·贝克特（指的是那个在位时被亨利二世杀死的坎特伯雷大主教），那时候我觉得这个名字没什么意义，也不是非常合适。

我妈妈最小的妹妹，明妮姨妈，在我五岁的时候从利明顿搬到了维也纳，正因为她，我在会写德语和英语之前很早就会说流利的英语了。当我后来学习英语拼写和阅读时，我已经对这门语言非常熟悉了，我自己也感到十分惊讶。这也要感谢我母亲，她要我每天花半天时间练习英语，尽管我当时并不乐意。在从韦尔堡走到那时仍然美丽安静的因斯布鲁克小镇的路上，母亲会对我说："从现在开始，这一路我们要互相说英语，一句德语也不可以。"我们就是这么做的。多年以后，直到现在我才意识到从中得益颇多。尽管不得不离开祖国，但在国外我却从未感觉自己是个异乡人。骑着自行车在利明顿周边游览肯纳尔沃斯堡和沃里克的日子仿佛就在昨天；从英格兰回因斯布鲁克的路上，我们路过了布鲁日、科隆和科布伦茨；坐小蒸汽船沿莱茵河逆流而上时，我们路过了吕德斯海姆、法兰克福还有慕尼黑，然后到达因斯布鲁克。

我还记得理查德·阿特梅尔的小旅馆，我第一次去上学就是从那

里出发，到圣尼古拉斯接受私人辅导，因为父母亲怕我在假期中忘了
ABC和加减法，通不过秋季的入学考试。后来，我们几乎每年都去
南提洛尔或卡林西亚，有时候也会在九月份去威尼斯待上几天。那些
日子里我有幸看到了数不胜数的美景，如今却因为汽车、"发展"和
新的边界划分已然荡然无存。尽管我是家里唯一的孩子，我也觉得当
时很少有人像我一样，拥有如此快乐的童年和少年时期，更不用说今
天的孩子了。每个人都对我十分友好，我们彼此之间都相处得十分愉
快。但愿所有的老师，包括父母，都能牢记相互理解的必要性！如果
没有相互理解，那么对于那些托付给我们的孩子，我们的教育不可能
对他们产生任何持久的影响。

也许我应该说一些1906年到1910年之间我在大学时期的事情，似
乎后面也没什么机会讲了。我之前提到过，哈泽内尔和他精心设计的
四年课程（每周五小时！）对我的影响超过任何其他。

可惜的是我错过了最后一年的课程（1910—1911），因为我实在
无法再推迟服兵役的时间了。正如你们知道的，这件事的结果并不像
我想象的那样糟糕，因为我被安排去了美丽的古镇克拉科夫，也在卡
林西亚边界（靠近莫伯盖特）度过了一个令人难忘的夏天。

除了哈泽内尔的课程，我还旁听了我能去的所有数学讲座。比如
古斯塔夫·科恩教授的投影几何学。他的风格严厉而清晰，给我留下
了深刻印象。教学中，科恩会交替使用不同的教学方法，比如第一年
采用不含任何公式的综合法，第二年就会采用分析法。事实上，没有
比这更好的方法来说明公理系统的存在了。通过他的讲授，二重性变
成了一个特别令人激动的现象，在平面和立体几何中稍微有些不同。
他还向我们证明了菲力克斯·克莱因的群论对数学发展的深远影响。

在立体结构中，第四调和元素的存在很容易证明，而在平面结构中，却不得不作为公理被接受，这一事实在他看来，是哥德尔大定理[1]最简单的例证。我从科恩那里学到了很多东西，否则这些东西我将永远没有时间去学。

我还参加了耶路撒冷关于斯宾诺莎的讲座，对任何听过讲座的人来说都是一个难忘的经历。他还讲了很多关于伊壁鸠鲁[2]的学说，比如"死亡不是人类的敌人"和"不必对任何事感到惊讶"，这些都是他在推理过程中始终牢记于心的。在大学的第一年，我也做了一些化学定性分析，也从中受益颇多。斯克劳普的讲座中关于无机化学的分析相当好，但我在暑期读过他的有机化学的分析，就相对逊色一些。它们本可以更好一些，但仍然没有提高我对核酸，酶，抗体之类的理解。事实上我只能靠自己的直觉摸索着前进，也取得了一些成果。

在1914年7月31日，我父亲出现在我位于玻尔兹曼街的小办公室里，宣布了我已经被应征入伍的消息。卡林西亚的普雷迪拉斯特是我的第一个目的地。我们去买了两支枪，一只小的和一只大的。幸运的是我从未被迫用过枪，无论是对人还是对动物；在1938年在格拉茨的公寓搜查时，为了安全起见，我把它们交给了那个好心的军官。

关于战争简单说两句：我的第一个岗位，普雷迪拉斯特是个太平的地方。只有一次，我们遭遇了一场虚惊。我们的指挥官，雷拓长官，已经安排了亲信，一旦意大利军队向莱不勒湖进发，走上宽阔的

---

[1] 哥德尔是奥地利裔美国著名数学家，不完备性定理是他在1931年提出来的。这一理论使数学基础研究发生了划时代的变化，更是现代逻辑史上很重要的一座里程碑。

[2] 伊壁鸠鲁（英文：Epicurus，公元前341—前270年），古希腊哲学家、无神论者（被认为是西方第一个无神论哲学家），伊壁鸠鲁学派的创始人。他的学说的主要宗旨就是要达到不受干扰的宁静状态，并要学会快乐。

河谷时，他们就以烟为讯号发出警报。正巧有人在边界附近烤土豆或烧杂草。于是我们被派去驻守两个瞭望台，我负责左边那个。我们在那里待了10天，才有人想起来把我们叫回去。在那上面我学到了，睡在弹性地板上（只需一个睡袋和一条毯子）要比睡着硬地板上舒服得多。我的另一个发现属于其他类型，在这之前和之后从没有遇到过。有天晚上，站岗的守卫把我叫醒，说他看见了相当数量的火光沿着我们对面的山坡向上移动，明显是朝着我们的位置而来。（巧的是，山的这部分其实根本没有路。）我钻出睡袋，通过连接通道走到哨岗去仔细看一看。守卫说的没错，的确是有火光，但它们是几码以外、我们自己的鹿砦上方的"圣埃尔莫之火"[1]，相对的位移只是一种视觉误差，因为观察者自身在不停移动。夜晚，当我走出宽敞的战壕，我也能看到这些屋顶草尖上的美丽小火光。这是我唯一一次遇到这种现象。

在那里度过了一段悠闲的时光以后，我被派到了福尔泰扎，然后又去了克雷姆斯和科马罗姆。我也曾短暂地在前线服役，先是加入了戈里齐亚的一个小军团，又去了杜伊诺。这些部队配备了奇怪的海军舰炮。我们最终撤退到了西斯蒂亚纳，从那里我被派到了一个相当无聊但依然美丽的观察哨，离普罗塞克很近，位于里雅斯特城上方900英尺的地方，我们还发了一只更加奇怪的枪。我的未婚妻安玛莉到那里去看过我，波旁王族的西克斯图斯亲王，即思蒂女皇的哥哥，也曾去那里视察过一次。他当时没穿军装，后来我才知道他其实是我们的

---

[1] 过去的水手经常会在雷雨到来前看到桅杆顶端闪烁奇异的光芒，他们将这种光称为"圣埃尔莫之火"。其实，这种光来自强烈的静电，当雷雨临近时，静电放电产生了明亮的电晕，其闪烁明灭犹如怪异的灯火。

敌人，因为他正在比利时军队里服役。由于法国人不允许任何波旁家族的人加入他们的军队，他就加入了比利时军队。他去那儿的目的是想促成奥匈帝国和协约国私下达成和平协定，这明显背叛了德国。可惜的是，他的计划一直没能实现。

我第一次接触到爱因斯坦的理论是在1916年的普罗塞克。我有大把大把的时间自由支配，但仍有一些理解上的很大困难。尽管如此，我当时看书写下的旁注，即使在今天看来也依旧合情合理，思路清晰。

通常，爱因斯坦总是用一种不必要的复杂形式来呈现一种新理论，这在1945年达到顶峰，当时他介绍了一种"非对称"统一场的理论。但也许这不仅仅是这位伟人的特点，几乎所有提出新想法的人都会这样。对于上面提到的这个理论，泡利[1]在当时就告诉他，没有必要用到复数，因为他的每个张量方程都包含了一个对称和一个完全对称部分。直到1952年，为了庆祝路易斯·德布罗意[2]的六十大寿，他和B.考夫曼夫人合写了一篇文章，在这篇文章中，他同意我巧妙地用一种更简单的描述来替换所谓的"有强大说服力"的介绍。这真的是一个非常重要的进步。

大约是战争的最后一年，我作为"气象学家"辗转在维也纳、菲拉赫、维也纳新城之间，最后又回到了维也纳。但对我来说这却是一种福利，因为我幸免于从满目疮痍的前线灾难性地撤退。

---

[1] 沃尔夫冈·泡利（Wolfgang E.Pauli），1900年4月25日生于奥地利维也纳，毕业于慕尼黑大学，1958年12月15日，在苏黎世逝世，享年58岁。美籍奥地利科学家、物理学家，因发现微观粒子的不相容原理于1945年获得诺贝尔物理学奖。

[2] 路易斯·维克多·德布罗意（Louis Victor de Broglie）（1892—1987），法国物理学家，1929年诺贝尔物理学奖获得者，以表彰他发现了电子的波动性。

　　1920年的三四月间，我和安玛莉结婚了。我们不久搬到了耶拿，在那里我们住进了有家具的房子。他们希望我在奥厄巴赫教授的固定讲座中加入一些最新的理论物理学内容。我们受到了奥厄巴赫教授夫妇和我的老板马克斯·维恩夫妇友好而热情的招待，尽管奥厄巴赫夫妇是犹太人，而维恩夫妇则是传统的反犹家庭，但我们的友谊丝毫没有夹杂个人的恩怨。这种良好的关系对我有着极大的帮助。但我听说在希特勒的纳粹夺取之后，奥厄巴赫教授夫妇看不到任何希望可以逃脱针对犹太人的压迫和羞辱，无计可施的情况下只能在1933年选择了自杀。当时我们在耶拿的朋友还有年轻的物理学家埃贝哈德，他的妻子不久前刚刚去世；还有埃勒夫妇和他们的两个小儿子。而去年夏天（1959），埃勒夫人到阿尔卑巴赫来看我时，这个可怜的妇人已经失去了家中的三个男人，为了他们自己都不相信的事业献出了生命。

　　按年代顺序来记录一个人的一生是我能想到的最无聊的事情了。无论是否在回想自己的生活还是别人的生活，你会发现值得记录的不外乎一些偶然的经历或观察体验，即使事件的年代顺序在当时似乎非常重要，但其实也无足轻重。所以我打算对自己一生中每个阶段给出简要的总结，这样在以后想参考的时候也不需要查找年代顺序。

　　第一阶段（1887—1920）以我和安玛莉结婚并离开德国作为结束。我称之为"早年维也纳"。第二阶段（1920—1927）我称之为"我的早年流浪"，因为我先后去了耶拿、斯图加特、布雷斯劳，最后去了苏黎世（在1921年）。这个阶段以我应邀去柏林接替马克斯·普朗克作为结束。1925年，我在阿罗萨的时候发现了波动力学，1926年，论文发表。之后我到北美做了两个月的巡回讲座，那时美国的禁酒令已成功地推行。第三阶段（1927—1933）是一段相当美妙的时光，我称之为"我的教与学"。这段时光以希特勒上台为结束，即所谓的1933年纳粹夺取。当结束了那一年的夏季学期，我已经忙着把东西寄到瑞士去了。在七月底，我离开了柏林，打算去南蒂罗尔度假。依据《圣日耳曼条约》，南蒂罗尔划给了意大利，所以我们仍然可以持德国护照进入，但我们却无法进入奥地利。俾斯麦亲王伟大的继任者在奥地利成功地强制推行了称为"一千马克"的封锁政策。（举个例子，我的妻子无法在她母亲70岁生日时去看望她。当局没有发给她通行证。）夏天之后我没有再回柏林，向学校递交了我的辞呈，但很长时间都没有收到回复。事实上他们拒绝承认曾收到这封辞呈，后来当他们听说我被授予诺贝尔物理学奖的时候，他们断然拒绝了我的申请。

第四阶段（1933—1939），我称为"我的晚年流浪"。早在1933年的春天，F.A.林德曼（后来的彻韦尔勋爵）在牛津大学给我提供了一个"糊口"的职位。正巧那时是他第一次来柏林，我随口说到我对目前的处境很不满意。他忠实地恪守诺言，所以我和妻子坐上为此次旅行而买的小宝马车就出发了。我们离开了马尔切西内，经由贝加莫、莱切、圣哥达、苏黎世、巴黎，最后到达布鲁塞尔，当时正在开索尔维会议[1]。从那里我们分头出发去了牛津。林德曼已经做好了必要的安排，让我成为莫德林学院的一员，尽管我的收入大部分来自于英国化学工业公司（ICI）。1936年，爱丁堡大学和格拉茨大学同时向我抛出橄榄枝，我选择了后者，这是一个极其愚蠢的选择。无论是选择本身还是引起的结果，都是绝无仅有的，虽然结果还算幸运。

---

[1] 索尔维会议是20世纪初一位比利时的实业家欧内斯特·索尔维创立的物理、化学领域讨论的会议。1911年，第一届索尔维会议在布鲁塞尔召开，以后每3年举行一届。

1938年，尽管我的工作多多少少受到纳粹的影响，但那时我已经接受了都柏林的邀请，准备加入德瓦莱拉计划在那里成立的高等学院。如果我在1936年去了爱丁堡大学，那么出于对本校的忠心，德瓦莱拉的老师，爱丁堡大学的E.T.惠特克一定不会推荐我去都柏林。因为我的拒绝，爱丁堡大学后来邀请了马克斯·玻恩。事实证明，都柏林比爱丁堡更适合我一百倍。不仅是因为在爱丁堡的工作负担非常沉重，也因为如果在英国，整个战争中我都属于敌国公民。我们的第二次"逃亡"从格拉茨开始，经罗马、日内瓦和苏黎世到达牛津，我们在好朋友怀特海德家里住了两个月。这一次我们不得不把我们的小宝马"格劳林"留下了，因为开着它实在太慢，而且我也没了驾照。当时都柏林学院还没"准备好"，所以我和妻子、希尔德和露丝在1938年12月去了比利时。一开始我在根特大学作为客座教授举行演讲，后来我们在拉帕尼滩的海边待了大约四个月。尽管海里的水母很多，这仍是一段非常美妙的时光。这也是我唯一一次见到海水的磷光现象。1939年9月，第二次世界大战的头一个月，我们经英格兰动身去都柏林。持有德国护照的我们仍被英国人看成敌国公民，但幸亏德瓦莱拉的推荐信，我们最终得以通行。这件事上也许林德曼也帮了一些忙，尽管我们在一年前的见面很不愉快。他毕竟是一个非常正直的人，我也相信，作为他的朋友温斯顿·丘吉尔的物理学顾问，战争时期林德曼在捍卫英国方面起了不可估量的重要作用。

　　第五阶段（1939—1956）我称为"我的长期流放"，话虽如此，但这个词中却并不包含苦涩的意味，因为这是一段美好的时光。若非"流放"，我将永远没有机会了解这个遥远而美丽的岛国。再也没有其他地方可以让我们在纳粹战争期间如此无忧无虑地生活，不受那些可耻的问题的烦扰。不管有没有纳粹，不管有没有战争，我无法想象17年间我一直在格拉茨单调地"踩水"。因此有时候我们会轻轻地相互说道："感谢元首。"

　　第六阶段（1956—今）我称为"回到维也纳"。早在1946年，奥地利就给我提供了职位。当我告诉德瓦莱拉的时候，他强烈反对，提醒我中欧政治形势的动荡。这点上他说的很对。但尽管他在很多方面对我非常照顾，但他从不关心万一我发生不测，我妻子将来的生活将如何保障。他只是说，如果他遇到类似情况，自己妻子也不知道将会面临怎样的处境。因此我通知维也纳我很想回去，但我希望等到局势恢复正常。我告诉他们，因为纳粹，我已有两次被迫中断工作，在别处从头开始；如果还有第三次的话，我的研究工作就整个被毁掉了。

　　回首往事，我的决定是正确的。那时，苦难的奥地利饱受蹂躏，生活充满悲伤和艰辛。尽管当局似乎很愿意做出补偿，但我提出给我妻子提供一笔津贴作为赔偿的请求却是徒劳的。国家实在太穷了（1960年的今天仍旧如此），没法给某些人发补助而拒绝所有其他人的请求。因此我在都柏林又住了10年，事实证明这对我非常重要。我用英语写了大量的短篇著作（剑桥大学出版社出版），并继续我在引力"非对称性"一般理论上的研究，然而研究结果十分令人失望。此外，我在1948年和1949年分别做了两次成功的手术，维尔纳先生为我摘除了双眼的白内障。终于到了回国的时刻，奥地利慷慨地恢复了我之前的职位，我还收到了维也纳大学的新任命（特别地位），尽管以我的年龄只能再工作两年半。这些都要归功于我的朋友汉斯·蒂林和教育部长德里美尔博士的努力。与此同时，我的同事罗布拉彻成功地促成了名誉教授的新规，从而也支持了我的事业。

　　我的"编年史"就此结束。我希望在自传中加入一些不那么无聊的想法和细节。鉴于我并不擅长讲故事,我无法对我的生活做一个全面的描绘;此外,我省去了一个相当冗长的部分,即我与女人的关系。首先这部分无疑就类似于八卦消息,其次,这部分对其他人也没有多大意义,而且我相信在这类事情上没有人是完全诚实的。

　　这篇自传是今年上半年完成的。偶尔读一读也很有意思。但我决定不写下去了,因为没有意义。

埃尔温·薛定谔

1960年11月